나도 안전을 모른다

曲突徙薪
곡돌사신

화근을 미리 방지하라

나도 안전을 모른다

곡돌사신

채수현 지음

• 추천
  의 글

안전관리를 고전과 우리의 삶 속에 담아내다

안전 관련 업무는 사고 예방 및 손실방지 업무로, 전문적인 식견으로 살피고 파악하고 대처해야 할 일은 많으나 이에 대한 성과를 평가받기는 쉽지 않은 업무입니다. 그러나 이제 이 업무의 가치를 인정받는 시대가 왔습니다.

저자는 대한산업안전협회의 사원으로 출발하여 기술이사와 교육문화이사로 임기를 마치기까지 30여 년을 오직 이 업무만을 수행해온 안전 관련 기술자이며 안전경영자이며 전문가입니다.

이 책은 난해하고 기술적인 요소가 많은 안전관리를 고전 속의 삶과 안전과 같은 인문학적 지식과 연계하여 쉽고 흥미롭게 설명하여 안전관리의 핵심과 맥락을 정확하게 이해하고 활용할 수 있도록 엮은 저서입니다. 그리고 우리 삶의 가장 기본적인 문제에서부터

추천의 글

안전관리가 기업경영에 어떻게 영향을 미치며 어떻게 해야 안전관리를 기업의 경영영역으로 끌어들일 수 있는가를 생각하게 하는 저서입니다. 여기엔 저자의 오랜 경험과 인문학적인 소양을 진솔하게 쏟아놓은 흔적이 보입니다.

이 책의 특징으로는 안전지식·기술과 경험을 안전의 발자취와 경영의 3요소 그리고 안전의 3요소를 이해하고 이를 현장에 적용할 때에는 관련 이론과 논리를 먼저 이해하고 느끼게 하여 스스로 실천하게 하는 독특한 안전관리의 방향과 요령을 저자의 경험을 통하여 소상히 기술한 점을 들 수 있습니다. 또한 자신의 경험뿐만 아니라 고전 속에 나타난 현상을 안전관리와 연계하여 이로부터 얻은 교훈을 우리의 현장에 적용하도록 시도한 점입니다.

위의 여러 면으로 보아 이 책은 안전관리를 필요로 하는 기관이나 사업장의 CEO, 경영진, 관리감독자, 사원이나 근로자 등 어느 계층이나 안전을 중요한 가치로 여기고 있으나 무엇을 어떻게 해야 할지를 알고 싶은 분들에게 큰 도움을 줄 것이라고 여겨집니다. 이 모든 분들의 일독을 권합니다.

이영순(서울과학기술대학교 명예교수, 전 산업안전보건공단 이사장)

우리 실생활과 밀접한 관계가 있는 것들을 아주 쉽게 설명한 책으로 안전전문가의 30여 년 동안 강의한 노하우를 녹여낸다.

박영진(전 경기대학교 이사장)

평생 현장을 발로 뛰며 이룩한 안전 관련 경험과 노하우, 지식과 지혜 그리고 통찰력이 담긴 국민들과 안전 전문가에게도 필요한 안전 공감 스토리텔링!

이창호(전 대한안전경영과학회 회장)

'안전은 아무리 강조해도 지나치지 않는다.' 완벽한 안전은 없다고 흔히들 말한다. 안전 앞에 안전을 모른다는 제목이 친밀감을 더해준다. 고전 인문학을 겸비한 안전이 신선하게 다가온다. 딱딱한 안전이 고전의 옷을 입어 누구나 쉽고 가깝게 접할 수 있을 것 같다. 안전의 제도적 위치와 산업안전보건법의 과정, 중대재해처벌법 등 여러 안전 관련 법들이 부드러운 이야기와 에피소드로 접목되어 머리에 쏙쏙 들어온다.

이선자(안전정보 대표)

모든 구성원의 안전의식 향상 즉 안전이 생활화가 되지 않으면 안 된다. 이 책은 필자가 안전전문가로서 현장지도, 안전교육내용을 바탕으로 비교적 쉽게 안전의 중요성을 이해하고 실천할 수 있도록 꾸며졌다. 중간중간에 안전지식과 고사성어, 여러 가지 사례를 접목시켜 관리감독자가 지루하지 않고 이해하기 쉽게 교육할 수 있는 교재로 활용할 수 있을 것이다.

신갑식(풍산특수금속(주) 대표이사)

중대재해처벌법이 시행되고 안전이 산업계에 중요한 화두로 이슈가 되는 시점에서 산업재해를 예방하기 위한 안전경영지침서로서 손색이 없다. 산업안전분야 관리감독자들께 필독서로 권하고 싶고, 이를 잘 활용하면 안전의식 향상과 더불어 산업재해 발생을 크게 감소시킬 수 있을 것이다.

황해석(전 한국서부발전(주) 서인천발전본부장)

'안전의 3요소'와 '안전한 일터 만들기'는 기업의 안전보건관리체계를 구축하는데 방향성을 제시해주고 있으며 "안전 이렇게 관리하라"는 최일선 관리자의 실행력을 높여 안전활동을 한 단계 향상시키는 원동력이 될 것이다.

김현출(포스코건설 안전보건기획그룹장)

실제 안전과 고전 인문학을 융합시켜 실생활에서도 많은 도움이 되는 내용으로 구성되어 있다. 안전관계자는 물론 일반인도 안전을 생활화하여 안전한 사회를 만드는데 크게 기여할 것이다.
전인준 상무(대한항공 산업안전보건실장)

이 책은 씨를 뿌리고 열매를 맺고 수확을 하듯이 '안전'의 기초부터 관리자의 역할까지, 나아가 안전한 사업장을 만드는 방법을 고전을 통해 쉽게 접근하여 '안전'이 어렵다는 관점을 깨버린다. 안전을 지키는 것이 내 가정을 지키는 것이라는 확실한 메시지를 전달하므로 모두 한 번쯤은 읽어봐야 할 책이다.
오영록(한국화학안전협회 총괄 본부장)

제목부터가 사람 냄새가 묻어 나와 공감이 간다. 평생을 안전에 몸담은 베테랑 엔지니어의 삶에서 우러나온 오래 익힌 술이나 장맛이 밴 듯한 책이다. 안전을 역사 이야기로 재미있게 표현하여 고전을 읽는 재미도 쏠쏠하다. 읽으면서 힘이 되며 시대의 요구에 귀를 기울이는 책으로 자신있게 타인에게 전할 수 있는 교범이다.
고인환(대한사이로(주) 본부장)

추천의 글

"5초만! 안전은 전투준비다!", 언제나 이 구호를 외치고 하루를 시작합니다. '안전'을 연결고리로 채수현 박사님과 인연을 맺은 지 2년째, 지금도 대화 주제는 육군의 안전입니다. 「曲突徙薪, 나도 안전을 모른다」, 하룻밤에 다 읽고 하루 만에 안전에 대한 나의 인식을 송두리째 바꿔놓은 책입니다. 익숙한 고사성어를 통해 안전의식을 깨치고, 다양한 실무 경험과 사례를 수록한 안전지침서로 '安全 明心寶鑑'과도 같은 책입니다. 이제는 늘 곁에 두고 수시로 찾아보는 소중한 벗과 같은 존재입니다. 이 한 권의 책이 나와 동료, 직장의 '안전지킴이'로서 결코 부족함이 없음을 확신합니다.

이준호(육군 제1포병여단장, 前 육군전투준비안전단장)

이 책은 동·서양의 고전 인물을 통해 새로운 안전관리체계를 제시하고 있다. 역사적 인물에 대한 행동심리를 연구함으로써 산업현장의 안전기술이 어떻게 바뀌어야 하는지에 대해 풀어내고 있다. 위드 코로나 시대, 안전에 대한 저자의 통찰력을 담은 이 책이 생명 존중에 대한 경각심을 일깨우는 지침서가 되어 기업의 혁신을 주도할 수 있을 것으로 기대한다.

이창덕(한국서부발전(주) 안전관리부장)

우리가 앞으로 어떻게 안전을 생각하고 살아가야 할지에 대한 고민을 짧고 쉽지만 통찰력 있게 담고 있다. 단순히 기업, 조직의 안전관리자 뿐만 아니라 안전을 생각해야 하는 리더라면 누구라도 반드시 읽어야만 하는 책이다.

김재원(동국제강 안전환경팀 팀장)

가까운 사람을 기쁘게 해줘야 멀리 있는 사람이 찾아온다는 공자의 말씀 '근자열 원자래'처럼, 이 책을 통하여 안전관리도 주변부터 시작하여 전 사업장에서 우리나라로 확산되어 안전한 사회가 구현될 것이라고 확신한다.

김규한(환영철강 30년차 안전관리자)

안전은 늘 겸손에서 시작한다는 생각으로 현장실무를 하고 있다. 그런 의미에서 이 책은 내게 더 겸손하고 더욱 낮은 자세로 안전업무에 임할 것을 조언한다. 삶의 가르침이 되는 고전과 경험을 바탕으로 기술된 실무사례가 그렇다. 고전의 내용이 그렇고, 경험을 바탕으로 기술된 실무사례도 감사한 부분이다.

김승구(한국수력원자력(주) 감사실 차장)

안전의 기본서로서 평가받을 만큼 쉽게 접근할 수 있도록 구성되어 있으며 일반근로자 및 안전을 입문하는 사람들이 딱딱한 안전보건교육에서 탈피하여 보다 쉽게 접근할 수 있도록 고전과 인문학적인 관점에서 산업안전을 해석하고 평가함으로써 저자의 "나도 안전을 모른다."처럼 기본을 근간으로 안전의식 고취는 물론 안전한 사업장 구현에 초석이 될 것이라고 확신한다.

김호겸(한전KPS 안전과장)

산업안전은 딱딱하고 어렵다는 인식을 가지고 있는 대중들의 인식을 전환하기 위해 저자는 고전을 끌어와서 쉽게 이해시키고 있다. 독자들이 안전에 대하여 스스로 생각하고 질문하면서 각자의 현장에 접목할 수 있게 하는 마중물이 될 것임을 확신한다.

송민영(광주광역시 동부소방서장)

재난안전은 언제 어디서 어떤 형태로 우리의 생명과 재산을 위협할지 알 수 없는 상황 속에서 안전의 중요성을 인식하고 재난을 예방하고 대응하는데 길잡이 역할을 할 것으로 기대한다.

정준호(광주광역시 교통운영과장)

• 목 차

서문 / 14

제1장 / 경영과 사람

    1. 지인 (知人: 인재를 알아보다)   33
    2. 득인 (得人: 인재를 얻다)   39
    3. 용인 (用人: 인재를 활용하다)   43

제2장 / 안전의 3요소

    1. 안전교육   52
    2. 안전기술   57
    3. 안전관리   71

제3장 / 관리자의 역할

    1. 작업에 대한 지식   84
    2. 직책에 맞는 행동   98
    3. 지도하는 능력   108
    4. 솔선수범을 통한 리더십   120
    5. 개선하는 능력   137

제4장 / 안전한 일터 만들기

1. 정리 정돈 155
2. 점검, 정비 165
3. 작업순서 182
4. 예의범절 187
5. 안전한 습관 194
6. 동종재해 재발 방지 204
7. 전원참가 213

제5장 / 안전의 발자취

1. 근로기준법 제정 233
2. 산업안전보건법 제정 236
3. 개정된 산업안전보건법 239
4. 산업안전보건법 전면 개정 242
5. 중대재해처벌법 제정 248

책을 마무리하며 / 264

참고문헌 / 268

• 서 문

나도 안전을 모른다

우리는 살아가며 종종 아이러니한 상황에 직면하곤 한다. 한 번도 산업재해가 발생하지 않았지만, 그런 사업장이 오히려 더욱 위험할 수 있다는 사실이 바로 그것이다. 사소한 재해가 간헐적으로 발생하는 현장에서는 그것을 대비하기 위해 수시로 안전을 생활화하지만 한 건의 산업재해도 발생하지 않았던 현장에서는 상대적으로 대비를 소홀히 할 수밖에 없기 때문이다.

내가 안전에 큰 관심을 가지게 되고 수십 년을 안전 분야의 기술자로 살아왔던 것은 학창시절 교수님의 말 한마디 때문이었다. 당시 미국 유학을 다녀오셨던 교수님은 "선진국에서는 무엇보다도 안전을 우선시하지만 우리는 그렇지 못한 측면이 있다. 그러니 우리에게 취약한 안전문제에 대하여 좀 더 관심을 가지고 공부해보라."고 말씀해주셨다.

산업의 구조가 복잡해지면서 안전문제는 이제 가장 중요하면서 항상 시급한 문제가 되었다. 자연스럽게 내 역할도 많아졌다. 여러 곳에서 안전진단을 하고 강의를 하다 보니, 전국 어디든 다녀보지 않은 곳이 없을 정도가 되었다. 그런데 전문가가 아무리 열심히 안전관리를 한다고 하더라도 현장에 있는 근로자 스스로가 안전을 생활화하지 않으면 사고로부터 절대로 자유로울 수가 없다. 내게도 해당되는 말이지만 안전에서 가장 기피해야 할 것은 방심과 자만이기 때문이다.

2013년 여름 어느 날, 가평에 있는 지인 집에 초대받아 방문한 적이 있다. 그 집 밤나무 아래에 흰색 진돗개가 묶여 있었고 '개 조심'이라는 표지가 잘 보이는 곳에 붙어있었다. 밤나무 밑에는 밤송이와 개의 오물들로 지저분했다. 평소에 개를 좋아해서 누가 시키지도 않았지만 큰 빗자루를 가지고 와서 주변을 깨끗이 청소해주었다. 그리고 개에게 손을 내밀어 오라고 손짓을 했더니 꼬리를 치면서 다가왔다.

개와 교감하려는 그 순간, 나는 손가락을 물리고 말았다. 내가 자기를 좋아하니 개도 당연히 나를 좋아할 것으로 착각했던 것이다. 손가락에서 피가 나니 주인은 미안해서 어찌할 바를 몰라 했다. 결국 병원에 가서 예방주사를 맞고 치료를 받았다.

병원에서 돌아오며 생각해 보니 개는 위험한 동물이고 개를 조심하라는 경고표지가 있었는데도 불구하고 이를 무시한 내 행동이 한편으로 한심하다는 생각이 들었다. 산업현장에서 안전을 지도하고 강의를 할 때는 항상 방심하지 말고 안전수칙을 준수하라고 하면서 나는 이런 어처구니없는 실수를 하고 말았던 것이다. 그 이후 '꼬리치는 개를 조심해야겠다.'는 말을 나의 안전철학으로 삼아야겠다고 결심하는 계기가 되었다.

그러던 어느 날 잠자리에서 평생을 안전과 함께 해온 사람으로서 '개 조심'이라는 경고를 무시하고 불안전한 행동을 했던 나 자신을 되돌아보면서 책 제목을 『나도 안전을 모른다』로 정해야겠다는 결심을 하게 되었다. 나뿐만이 아니라 모든 사람들이 "나도 안전을 모른다."라는 생각을 가슴에 품고 생활 속에서 안전을 실천했으면 좋겠다.

나는 강의를 시작할 때 나무젓가락 두 개를 교육생들에게 보여주곤 한다. 하나는 수평으로, 다른 하나는 수직으로 서로 겹치게 놓아 아래와 같은 모양을 만들고는 두 개의 길이가 같은지 다른지를 교육생들에게 묻곤 한다.

분명 길이가 똑같은 나무젓가락이지만 교육생들 대부분은 착시현상 때문에 길이가 다르다고 말한다. 이렇듯 정답을 알고 있으면서도 오답을 말하게 되는 것처럼, 사람들은 이미 잘 알고 있으면서도 실수를 저지르게 된다. 사람이란 불완전한 존재이기 때문에, 실수를 하는 것은 어쩌면 당연한 일이다. 그래서 안전을 생활화해야 하는 이유이기도 하다.

"나는 안전에 대하여 모든 것을 다 알고 있다."고 말하는 것만큼 어리석은 사람도 없을 것이다. 안전이란 실수를 줄이기 위해 끊임없이 뒤를 돌아보며 자신을 의심해야 하는 것이기 때문에, 안전에 대하여 모든 것을 알고 있다고 말하는 것은 거짓말이 될 수밖에 없다. 앞서 재해 없는 사업장을 예로 들었던 것처럼, 안전하다고 믿으며 방심하는 순간 돌이킬 수 없는 재해와 맞닥뜨리게 될 수 있다. 다시 말해서, '나도 안전을 모른다.'라고 말하는 것은 내가 그만큼 안전에 대하여 진정성 있게 접근하고 있다는 것을 의미하는 것이다.

전문가가 산업현장에서 안전관리를 철저히 한다고 하여도 근로자 스스로가 안전의식을 가지고 행동하지 않으면 돌이킬 수 없는 사고로 이어지는 것이다. 이러한 것을 독자들이 이해해주었으면 하는 마음에서 책 제목을 그렇게 정했다.

나와 내 가정을 지키기 위한 안전

산업안전보건법이 제정된 것은 1981년이다. 그로부터 40년이 지난 지금까지도 국민들의 안전의식수준은 크게 높아지지 않았다. 그것은 잘못된 교육방식 때문일 것이라고 나는 생각한다. 교육생의 눈높이가 아닌 강사의 눈높이에 맞춘 지금까지의 교육방식은 흥미 없고 지루하고 딱딱할 뿐이었다. 우리가 제품사용설명서를 관심 가지고 읽지 않는 것과 마찬가지라고 할 수 있다.

사람들은 자기 자신에게 이득이 없으면, 어떤 행동이든 쉽게 하려 하지 않는다. 그럴 필요성을 못 느끼기 때문이다. 그러나 '나와 내 가정을 지키기 위해' 안전이 필요하다는 사실을 알게 되었을 때 사람들은 안전에 대한 올바른 인식을 가지게 된다.

그래서 이 책은 강사의 입장이 아닌 독자 스스로 안전의식을 고취시킬 수 있는 방식으로 작성되었다. 재언하건대 안전에는 정답이 없기 때문이다. 이 책에서 소개하는 이야기들은 때로는 한 편의 소설처럼, 때로는 하나의 강의록처럼 읽히게 되는데, 책을 읽는 독자들이 스스로 질문을 던지고 안전에 대하여 인식을 쌓아 나갈 수 있도록 하였다.

현장에서 관리감독자가 근로자에게 안전교육을 실시할 때, 이 책을 읽어주는 것만으로도 안전교육으로 대체될 수 있도록 내용을 충실히 하였다.

'운'은 노력하는 사람을 선호한나

첨단과학이 발달한 현대사회에서도 과거로부터 전해져 내려오는 운세가 우리 삶을 일부 예측해내는데 도움을 준다고 생각한다. 나는 강의를 시작하면서 주의를 집중시키기 위해 가끔 명리학을 인용하곤 하는데, 명리학은 삶의 지혜를 깨닫게 하고 긍정적인 생각으로 사회생활을 하는데 많은 도움이 된다. 안전문제에 있어서도 이런 것을 적용하려는 노력들이 실제로 있었다. 어떤 사업장에서는 바이오리듬을 안전에 접목하여 근로자에게 위험할 수 있는 날짜를 지정해주었던 사례가 있었고 과거에 나는 명리학을 안전과 접목해보려는 시도를 해보기도 했었다. 태어난 날짜와 사고 난 날짜와의 연관성을 파악해보고자 연구했던 것인데, 사주와 안전사고와의 연관관계를 찾을 수는 없었다.

예로부터 '사주불여관상(四柱不如觀相)'이라 하여, 관상을 사주보다 더 중요한 것으로 보았다. 그래서 생각해낸 방법이 근로자의 관상을 보고 안전문제를 예측하는 것이었다. 현장에 투입되는 근로자의 관상을 일일이 확인하는 방법이었는데, 이 또한 실패였다.

결국 가장 중요한 것은 안전교육이었다. 배운 것을 현장에 적용하며 실수하지 않으려는 노력이었다. 앞선 사례에서 보더라도 안전에서 운은 전혀 먹혀들지 않았다. 결과적으로 '운은 노력하는 사람을 선호한다.'는 것을 깨닫게 되었다. 이 책에서 인용하고 있는 이야기들에서 이 명제는 좀 더 구체화될 것이다.

안전과 고전

이 책은 다섯 가지의 큰 줄기로 이야기가 구성되어 있다. 기존의 딱딱하고 어렵기만 했던 안전 분야의 책들과는 다르게 고전의 이야기를 토대로 안전 문제에 대해 본질적인 질문을 던지고 싶었다.

그래서 이 책은 '고전 속의 안전'이라는 어쩌면 새로운 형식으로 접근하고자 노력했다. 이 책을 읽는 독자들은 삶에 대한 교훈이 담겨 있는 고전을 읽으며 안전에 대한 근원적인 질문들을 스스로 던져볼 수 있을 것이다.

게오르그 루카치의 유명한 문장 "별이 빛나는 창공을 보고, 갈 수가 있고 또 가야만 하는 길의 지도를 읽을 수 있던 시대는 얼마나 행복했던가? 그리고 별빛이 그 길을 훤히 밝혀 주던 시대는 얼마나 행복했던가?"를 떠올려본다. 모든 세상이 모험의 공간이었던 어린 시절을 벗어난 대다수의 우리에게는 나와 가족을 지켜야 하는 소명이 있다. 위의 문장에서처럼 '행복했던 시대'로 나와 내 가족을 안내해야 한다. 현대 사회는 점점 더 복잡해지고 난해해져만 가고 있으며, 곳곳에 위험이 도사리고 있다. 여행은 시작되었지만 '지도'는 없어진 지 오래다. 이제는 안전을 스스로 지켜야 하고, 그래야 나와 내 가족의 행복한 삶을 계속 유지해 나갈 수 있다.

생활 속에서의 안전

모든 생물은 자연에서 살아남기 위해 스스로 생존본능을 익히게 된다. 마찬가지로 인간도 문명을 형성하고 자연과 양립하면서 여러 가지 위험요소로부터 자신을 보호하고 가족이나 집단을 보호할 수 있는 안전의식을 마음속에 품게 되었을 것이다.

> "당신들은 집을 새로 지을 때에 지붕에 난간을 만들어야 합니다. 그렇게 하면, 사람이 떨어져도 그 살인죄를 당신들 집에 지우지 않을 것입니다."
> – 구약성경 신명기 22장 8절: 개역개정

기원전 이스라엘의 종교지도자였던 모세Moses의 말이다. 당시에 이스라엘 사람들이 살던 집의 지붕은 아주 크고 넓었으며 평평한 독립적인 공간이었다. 옥상에서 기도를 하거나 잠을 자기도 했고 파티를 열기도 했다. 그렇기 때문에 지붕에 난간과 같은 안전장치가 없으면 사람들에게는 특히 위험한 공간이 되었을 수도 있었다. 구약성경에 나오는 모세의 이 말은 그래서 공동체의 안전을 지키고 보호하자는 주제와 연결되는 것이다.

이처럼 아주 오래전부터 안전은 사람들이 살아가는데 있어 중요한 문제였다. 기원전에 작성된 성경 구절에서도 안전에 대한 당부의 말이 담겨 있는 사실만 보더라도 인간의 삶에서 안전은 결코 떼어낼 수 없는 가치라는 것을 알 수 있다.

농경사회에서는 안전에 대한 체계적인 학습이 이루어지지는 않았지만, 늘 안전에 대한 의식을 마음속에 가지고 생활 속에서 안전을 실천하고자 했다.

호랑이띠, 말띠, 개띠에게는 원숭이, 닭, 개띠해가 삼재이고
뱀띠, 닭띠, 소띠에게는 돼지, 쥐, 소띠해가
원숭이띠, 쥐띠, 용띠는 호랑이, 토끼, 용띠해가
돼지띠, 토끼띠, 양띠는 뱀, 말, 양띠해가 삼재다.

삼재(三災)란 '물의 재난', '바람의 재난', '불의 재난'을 말한다. 또는 연장이나 무기로부터 입는 재난인 '도병재', 전염병에 걸리는 재난인 '역려재', 굶주리는 재난인 '기근재'를 말하기도 한다. 이러한 삼재를 막기 위한 대책으로는 모든 일에 조심해야 한다는 것뿐이었다.

농경사회에서는 위에서 말한 세 가지 재난만 조심하면 평생을 살아가는데 큰 어려움이 없었기 때문에 항상 이를 마음속에 간직하고 조심하기 위해 애썼다. 그런데 가만히 들여다보면, 대가족이 모여 생활하던 농경사회에서는 가족 중 분명 누군가 한 사람은 반드시 이 삼재에 해당되도록 설계되어 있었다는 것을 알 수 있다. 결국 언제 어떠한 재난이 닥쳐오더라도 스스로가 항상 조심하고 대비해야 한다는 것으로 옛 선인들의 안전문화를 엿볼 수 있다.

토정비결도 마찬가지다. 조선 명종 때 토정 이지함이 지었다는 책에서 비롯된 토정비결은 신년 초에 일 년의 길흉화복을 파악하는데 오랫동안 사용되어 왔다. 그 내용은 대부분 아래와 같은 내용들로 이루어져 있다.

"올해는 여름에 물가에 가면 화를 당하니 조심하고 겨울에는 불조심을 해야 하고 먼 길을 갈 때는 동행하는 사람이 있어야 한다."

"연초에는 좋은 일이 많이 있고 귀인의 도움을 받을 수 있다."

"좋은 일이 있을 때는 늘 그것을 방해할 수 있는 좋지 않은 일들이 있을 수 있기 때문에 항상 조심해야 한다(好事多魔)."

토정비결 또한 어려운 일들에 늘 대비해야 한다는 당부의 말을 하고 있다. 연초에 좋은 일이 많이 있을 것이라며 긍정의 메시지를 주면서도, '호사다마(好事多魔)'라고 하여 어려운 일들이 있을 수도 있으니 항상 조심해야 한다는 것이다.

최근 세계적인 유행병 COVID-19을 겪으며 안전에 대한 욕구와 의식이 그 어느 때보다 중요하게 여겨지고 있다. 집 밖을 나갈 때 마스크를 착용하는 것은 필수가 되었다. 그것은 나를 보호하는 동시에 주변 사람들을 보호해야 한다는 인식이 자리 잡았기 때문이다. 더 나아가 마스크를 착용하지 않으면 내가 위험해질 수 있다는 것을 스스로 깨닫고 있기 때문이기도 하다. 바이러스가 내 몸속에 침투하게 되면, 우선 경제활동에 지장을 주고 이후에도 장애를 가지거나 죽음에 이르게 된다는 문제의식을 가지게 되었다. 나뿐만이 아니라 내 가족과 이웃에게 전염시킬 수 있다는 사실을 알게 된 것이다.

그런데 여기서 반문해볼 수 있는 것은, 왜 직장에서는 안전시설 사용을 기피하고 보호구 착용을 하지 않느냐는 것이다. 유독 회사에서는 안전을 스스로 지키려 하지 않고 수동적으로 하고 있는지, 그러고서 사고가 발생하면 왜 남의 탓으로 돌리기에만 바쁜 것인지, 우리는 스스로 다시 한 번 생각해 볼 필요가 있다.

이 책을 읽는 독자들에게

인생에서 가장 행복해야 할 시기에 생각지도 못한 사고를 당해 불행을 겪으며 좌절하는 사람들을 자주 보았다. 사소한 실수로 인해 여생을 후회와 아픔으로 보내야만 하는 비극은 없어야 한다. 그만큼 안전은 우리 생활에서 가장 중요한 목표가 되어야만 한다.

안전은 비단 직장생활을 성공적으로 유지하기 위해서만 필요한 것은 아니다. 직장생활 이전에 나와 내 가정을 지키기 위한 최우선의 과제이며, 가장 필요로 하는 덕목이다. 나와 내 가정을 지키며 안정적인 편안한 상태를 유지하면, 그것이 곧 직장생활을 성공적으로 유지하는 방법이 되는 것이다.

　이 책은 나의 첫 책이자, 여러분의 첫 책이기도 하다. 이 책은 안전에 대한 근본적인 문제들에 대한 내용을 담고 있다. '안전교육'을 말할 때 흔히들 어렵고 딱딱하고 재미없는 것을 떠올리게 된다. 그렇지만 이 책은 가장 쉬운 언어로 이야기하고 있으며, 재미있는 고전의 이야기들로 꾸며져 있다. 그래서 여러분이 안전에 처음 입문하는 사람이라면, 혹은 생활 속에서 안전에 대한 쉬운 접근을 필요로 하는 사람이라면, 이 책을 가장 먼저 찾아서 읽기를 권해드리고 싶다.

　"돈을 잃으면 작은 것을 잃는 것이고 명예를 잃으면 큰 것을 잃는 것이고 건강을 잃으면 다 잃는 것이다."라는 말이 있다.

　나는 이 책이 첫 직장에 입문하는 신입사원, 사회에 첫발을 내딛게 될 제대군인, 산업현장의 관리감독자와 근로자들이 안전을 생활화하는데 마중물이 되기를 바란다. 이 책을 선택해서 읽게 될 독자 여러분들에게 행복하고 아름답고 빛나는 날들만이 펼쳐지기를 응원한다.

안전을 알면 세상을 얻고,
알지 못하면 세상을 잃는다.

제 **1** 장

경영과 사람

安

全

산업의 발달로 인하여 기업에서는 경영을 중요하게 생각하게 되었고 이로 인하여 기업을 경영하기 위한 방안을 모색하게 되었다.

미국의 경영관리학에서는 경영을 '관리하는 것'으로 정의한다. 이 관리의 대상이 되는 것은 자본Money, 물자Material, 사람Man인데, 이 세 가지를 '경영의 3요소3M'라고 한다.

주어진 '자본'과 '물자'를 활용하여 '제품을 보다 많이 만들어 더 많이 파는 것'이 바로 경영이라고 할 수 있다. 경영에서 가장 중요한 요소는 '사람'이다.

현대 경영학을 창시한 학자로 평가받는 피터 드러커Peter Ferdinand Drucker는 『경영의 실제』라는 책에서 "경영의 첫째 임무는 기업이 살아남는 것이고 기업을 경영하는 기본 원리는 이윤을 극대화하는 것이 아니라 손실을 감소하는 것이다."라고 말했다. 그동안 우리는 품질과 생산성 향상에만 치중하였으나 4차 산업혁명과 마주한 현재에는 손실을 감소하고 살아남는 것이 기업의 우선 과제가 되었다. 그러한 과제를 위한 수많은 고민들 중 하나는 바로 사고 예방을 통하여 인명손실을 최소화하는 것 즉, 사람을 관리하는 것이고 이것이 바로 안전의 첫걸음이기도 하다.

　소셜미디어의 발달로 인하여 안전사고 소식이 실시간으로 세상에 전파되고 있어 기업의 사회적 신뢰가 무너지는 것은 물론이고, 기업의 존립마저 위협하고 있는 것이 현실이다. 특히 허술한 안전관리로 인하여 발생한 인명사고는 국민들의 공분을 사기도 한다. 이 때문에 인명사고가 발생되지 않기 위한 안전관리는 기업의 생존전략이라고도 할 수 있을 것이다.

　제1장에서는 '경영의 3요소' 중에서도 가장 중요한 것이 인재를 알아보고 채용하고 관리하는 것이기 때문에 인사 관리에 대하여 중점적으로 이야기해보려 한다.

1. 지인(知人: 인재를 알아보다)

중국 제왕들의 인사 교과서인 『인물지』에는 인재를 알아보는 기술인 '지인법'에 대한 내용이 담겨있다. 『인물지』는 조조의 인사참모인 유소(劉邵)가 썼다고 전해지는데, 위대한 업적을 이룬 대왕들의 공통점은 하나같이 훌륭한 인재를 발탁하여 대업을 이루는 데 활용했다는 것이다.

상나라를 건국한 탕왕은 이윤을 등용하여 왕조를 세웠고 주나리를 건국한 문왕은 강태공을 등용하여 왕조를 세웠다. 또한 중국 역사에서 이름을 남긴 군주들은 모두 인재를 등용하는 데 있어서 모범적인 사례를 보여주었다. 한신을 등용했던 한고조 유방이 그랬고 위징을 등용했던 당태종 이세민이 그랬다. 이들 주변에 현명하고 충성스런 인재들이 없었다면 오늘날 우리가 알고 있는 역사적인 업적을 이루지 못했을 것이다.

『논어』는 중국 춘추시대 사상가 공자와 그의 제자들의 언행을 기록한 유교경전이다. 여기에서도 지인에 대한 이야기가 나오는데, 어느 날 제자 번지가 공자에게 "지혜란 무엇입니까?"라고 묻자 공자가 말했다. "지혜란, 사람을 아는 것이다(知人)." 번지가 미처 깨닫지 못하자, 공자는 이어서 말했다. "곧은 것을 들어서 굽은 것 위에 놓으면, 굽은 것을 곧게 만들 수 있다." 조직 구성원을 잘 배치하고 관리하기 위해서는 인재를 알아보는 것이 우선되어야 한다는 것이다. 다시 말해서, 인사의 기본은 사람을 이해하는 것에서 시작된다는 것이다. 예로부터 현명한 군주는 인재를 찾기 위해 부단히 노력했고 신하들은 주군을 잘 선택하여 서로 상생하면서 국가를 발전시켰던 것이다.

제갈량의 병법서 『장원』에도 비슷한 이야기가 나온다. 제갈량이 죽기 전에 그의 후계자인 강유에게 전했다는 『장원』의 「지인성(知人性)」 편에서 "인간의 본성을 살피는 일보다 더 어려운 일은 없다. 개인의 선과 악이 다르고 본성과 의표가 다르다."고 하였다.

> 겉으로는 온화하고 선량한 듯하나 안으로는 간사하고
> 겉으로는 공정한 척하지만 안으로는 속이려는 마음이 있고
> 겉으로는 용감한 척하지만 안으로는 겁이 많으며
> 힘써 일하는 듯하지만 속마음은 다른 의도가 있는 불충한 사람도 있다.[1]

제갈량은 "인간의 본성을 살피는 일보다 어려운 일은 없다."고 하면서 겉과 속이 다른 사람을 구별하는 방법을 아래와 같이 제시하고 있다.

1) 어느 것이 옳고 그른지 판단하는 것을 보고 그 지향을 살핀다.
2) 능한 말과 논리로 난처하게 만들어 그 임기응변의 능력을 관찰한다.
3) 어느 문제에 대한 관점과 책략을 자문함으로써 그 지식과 경험을 살핀다.

4) 환난 앞에서 보이는 태도를 보고 용기를 살핀다.

5) 술에 취하게 하여 그 품성을 살핀다.

6) 이익 앞에 임하게 하여 그 청렴함을 살핀다.

7) 기한을 두고 일을 맡겨 그의 신용을 살핀다.[2]

이처럼 인재를 알아보는 능력과 방법은 결코 쉬운 일이 아닐 것이다. 『인물지』에서는 음양, 오행과 신체 부위에 따른 인간 덕목의 상관관계를 나타내며 '사람을 파악할 때는 장점이 있으면 반드시 단점이 있기 때문'이라고 했다. '음양오행사상'은 동양 문화권에서 우주에 대한 인식과 사상의 체계에 대한 중심이 되어온 원리다. 처음 아무런 형체가 없던 무극(無極)에서 음과 양의 두 기운이 생겨나 하늘과 땅이 되고 다시 음양의 두 기운이 다섯 가지 원소를 생산하였는데, 이것이 목(木), 화(火), 토(土), 금(金), 수(水)의 오행이다. 또한 오행(五行)의 하나하나에는 음(陰)과 양(陽)의 두 기운이 모두 포함되어 있다. 양의 기운이 강한 사람은 "관찰이 뛰어나 움직임의 기미는 잘 알지만 깊게 생각하는 일에는 어둡다(明白之士)." 음의 기운이 강한 자는 "안으로 깊게만 사고하여 고요함의 근원은 잘 알지만 움직임이 빠르지 않고 민첩하지 못하다(玄慮之人)."[3]

고 하여 서로의 장단점을 고려하여 음의 인간과 양의 인간을 적절히 활용하여 조화롭게 배치하여야 한다.

다시 말해서, 인간에게는 다음과 같이 음, 양의 12가지 각기 다른 장점과 단점이 있기 때문에 인재를 적절히 활용하고 조화롭게 적재적소에 배치하여야 한다.

양) 엄정하고 강직한 사람은 다른 사람의 단점을 지나치게 드러낸다.
음) 유순하고 너그러운 사람은 결단력이 부족하다.
양) 용맹하고 씩씩한 사람은 무모하다.
음) 영리하고 신중한 사람은 의심이 많다.
양) 줏대가 있고 의지가 굳센 사람은 독단적이고, 고집이 세다.
음) 논변과 사리탐구에 밝은 사람은 말로만 떠들어댄다.
양) 넓은 인간관계를 가진 사람은 옳고 그름이 불분명하고, 사귐이 혼탁하다.
음) 청렴결백한 사람은 도량이 좁고 옹졸하며 융통성이 부족하다.
양) 일을 잘 벌이고 시원스런 사람은 산만하며 무턱대고 나간다.

음) 침착하고 꼼꼼한 사람은 기일을 맞추지 못하고 느리다.
양) 순박한 사람은 자신을 감추지 못하고 솔직하다.
음) 지략이 풍부하고 속내를 감추는 사람은 수시로 변화하여 헤아리기 어렵다.

『인물지』에서는 관우의 경우를 예로 들고 있다. 관우는 전장에서 누구보다 용맹하였고 윗사람으로서 자부심을 가지고 부하들을 아꼈지만 용맹함이 지나쳐 멈출 줄을 몰랐고 자신감이 지나쳐 적을 과소평가하고 무모한 싸움으로 인하여 전투에서 패하였으며 형주 땅을 잃고 자신도 죽고 말았던 것이다.4

2. 득인(得人: 인재를 얻다)

유능한 인재를 알았다면, 그런 인재를 얻는 것이 매우 중요하다.

중국 제나라의 소백왕자에게는 포숙(鮑叔)이라는 책사가 있었다. 포숙은 왕위쟁탈전에서 소백왕자가 승리하는데 결정적인 역할을 했고 덕분에 소백왕자[환공]는 제나라 15대 왕으로 즉위하였다. 환공은 왕위쟁탈전에서 자신을 죽이려고 했던 관중(管仲)을 처벌하려고 할 때, 포숙이 나서서 환공을 말렸다.

"제나라로 만족하신다면 저 포숙으로도 족하지만, 춘추

의 패자가 되시려면 관중을 얻으시고 그를 재상으로 삼으셔야 합니다."

포숙은 젊은 시절 관중과 친구 사이였다. 가난한 집안에서 태어난 관중을 포숙은 항상 도와주었고, 관중도 그에게 보답하면서 막역지교를 나누었다. 포숙은 그때부터 관중의 뛰어난 능력과 인품을 잘 알고 있었기 때문에, 환공에게 그를 추천했던 것이다.

물론, 환공도 관중의 능력을 잘 알고 있었지만 자신을 죽이려고 했던 그를 살려두는 것은 있을 수 없는 일이었다. 그러나 포숙의 설득 끝에 관중을 받아들이는 큰 결단을 내렸고, 결국 그를 재상으로 삼아 그의 능력과 전략을 발판으로 춘추의 패자가 될 수 있었다.

"창고가 가득 차야 비로소 예절을 알고, 먹고 입을 것이 풍족해야 비로소 명예와 치욕을 알게 된다."고 하는 사마천의 『사기열전』에서 보는 바와 같이 관중은 인간의 도리를 경제와 연계시키는 경제사상을 가졌다. 가난한 백성은 국가가 통치할 수 없다고 말하며, "백성이 가난하면 마을과 집을 쉽게 떠나기 마련이다. 마을과 집을 떠나고 나면 통치자를 능멸하고 법을 어기게 되니 다스리기 어렵다."고

했다. 나라가 백성들의 의식주와 문화 수준을 어느 정도까지 끌어올리는 정책을 실행할 수 있어야만 정신적으로 성숙하며 국가의 통치를 잘 따른다고 보았던 것이다.

관중은 국가를 운영하는데 민심을 반영한 네 가지 순리인 사순(四順)에 대하여 다음과 같은 정책을 펼쳤다.

"백성은 근심과 노고를 싫어하므로 군주는 그들을 편안하고 즐겁게 해줘야 한다.

백성은 가난하고 천한 것을 싫어하므로 군주는 그들을 부유하고 귀하게 해줘야 한다.

백성은 위험에 빠지는 것을 싫어하므로 군주는 그들을 보호하고 안전하게 해줘야 한다.

백성은 후사가 끊기는 것을 싫어하므로 군주는 그들이 잘 살도록 해줘야 한다."[5]

이와 같이 국가의 정책을 순조롭게 펼치려면 민심을 따라야 하며, '부민(富民: 살림이 넉넉한 백성)'을 바탕으로 한 관중의 경제정책은 제나라를 진정한 강대국의 반열에 올려놓았다. 훗날 사마천은 관중의 정책을 다음과 같이 평가했다.

"관중은 국정을 수행하면서 화가 될 것도 복이 되게 하고, 실패할 것도 성공시켰다. 물가를 중시했고, 거래를 신중하게 처리했다. 관중은 부유했으나 제나라 사람들은 그가 사치스럽다고 여기지 않았다. 관중이 죽고도 제나라는 그의 방침을 준수해 늘 다른 국가보다 강했다."[6]

제나라의 왕 환공은 자신을 살해하려 했던 관중을 등용하는 큰 결단을 내렸다. 제나라를 춘추의 패자로 만들었던 관중도 훌륭하고, 관중을 추천했던 포숙도 훌륭했으며, 관중의 인재 됨을 알아보고 그를 얻을 수 있었던 환공의 선택도 흔히 말하는 '신의 한 수'가 되었던 것이다.

3. 용인(用人: 인재를 활용하다)

우리는 결혼하기 위해 사람을 만나면 서로 생년월일을 물어보고 서로 궁합을 보는 경우가 있다. 그중에서 태어난 띠를 가지고 상충, 원진이라고 하는데, 내용을 파악하여 띠별로 보면 〈쥐와 말〉, 〈소와 양〉, 〈호랑이와 원숭이〉, 〈토끼와 닭〉, 〈용과 개〉, 〈뱀과 돼지〉띠가 상충살에 해당되며 상충살은 서로 상충이 되기 때문에 좋지 않다고 한다.

〈쥐와 양〉, 〈소와 말〉, 〈호랑이와 닭〉, 〈토끼와 원숭이〉, 〈용과 돼지〉, 〈뱀과 개〉띠가 원진살에 해당되며, 이것은 전생에 원수지간이었다고 하여 이를 기피하였다.

반면, 서로 합이 되어야 잘 산다고 하면서 권장하는 띠는

다음과 같다.

〈돼지, 토끼, 양〉과 〈호랑이, 말, 개〉와 〈뱀, 닭, 소〉와 〈원숭이, 쥐, 용〉 띠가 합이 되어 매우 좋다고 하였다.

이와 같이 태어난 해의 띠를 가지고 구분하는 것은 인생을 살아가는 데 있어서 "항상 사람을 조심하고 관리를 잘하라."고 하는 조상들의 지혜를 엿볼 수 있다.

인간관계에 있어서 주의사항을 언급하고 있으며 "인사는 만사다."라는 말이 있듯이 적재적소에 인재를 배치하는 용인술이 매우 중요하다.

기원전 645년 관중이 병에 들고, 병세는 좀처럼 나아지지 않았다. 환공은 매일 관중을 찾았는데, 그의 병세가 점점 깊어지자 그에게 다음 재상으로 누가 적합한지를 물었다.

환공이 관중에게 물었다.
"많은 신하 중에 누구를 재상으로 하는 것이 좋겠소?"
"신하의 됨됨이를 임금만큼 아는 이가 있겠습니까?"
관중의 대답에 한동안 고민하던 환공이 다시 물었다.
"그렇다면 '역아'는 어떻소? 내가 '세상의 모든 요리를 다 먹어보았지만, 사람 고기는 먹어보지 못했다'고 말하자, 다음 날 자신의 큰아들을 요리하여 나에게 대접한 충신인데."

"아들을 죽여 임금을 모신다는 것은 사람의 도리가 아니기 때문에 불가합니다."

단호하게 말하는 관중의 모습에 당황한 환공은 잠시 망설이다 다시 물었다.

"그럼 '개방'은 어떻소? 그는 자신의 아버지가 돌아가셨는데도 내 곁을 떠나지 않고 지켜준 충신인데."

"어버이를 등지고 임금을 모시는 것은 사람의 도리가 아니기 때문에 그를 가까이하시면 안 됩니다."

이번에도 역시 관중의 대답은 단호했다.

"그렇다면, '수조'는 어떻소? 그는 나를 가까이에서 보좌하기 위해 스스로 환관이 되었을 정도로 충성스런 신하인데."

환공이 마지막으로 물었지만 이번에도 관중의 대답은 단호할 뿐이었다.

"스스로 성기를 잘라 임금을 섬기는 것은 사람의 도리가 아니니 가까이 두지도 말고 친하게 지내서도 안 됩니다."[7]

이런 관중의 말에도 불구하고, 환공은 관중이 죽은 후에

역아, 개방, 수조를 중요 요직에 발탁하고 그들에게 전권을 주었다. 그러나 관중의 예측대로 기원전 643년 환공이 병환으로 자리에 눕게 되자, 환공의 거처는 역아와 수조, 개방이 장악하여, 환공의 명령이라는 구실로 모든 대신들의 출입을 봉쇄하여 환공은 방에 갇힌 신세가 되었다.

하루는 하녀가 방에 들어오자 환공이 "내가 배가 고프니 죽이라도 가져오너라" 했지만 하녀는 "죽이 없습니다."라고 대답했고, 환공이 "그럼 뜨거운 물이라도 가져오라, 갈증이 난다"고 명하자 하녀는 고개를 숙이고 "뜨거운 물 또한 얻을 수가 없습니다."라고 대답했다. 환공이 이유를 묻자 하녀는 "역아와 수조가 거처 밖에 담장을 쌓고 아무도 이 방을 드나들지 못하게 막고 있습니다."라고 대답했다.

환공은 뜨거운 눈물을 흘리며, "내가 관중의 말을 듣지 않아 이 지경에 처했으니, 내 어찌 죽어서 저세상에서 관중의 얼굴을 볼 수 있겠는가!"라고 하였다. 천하의 영웅으로 춘추시대의 패자이며, 명군이었던 군주는 외롭고, 너무나 비참하게 생을 마감했다.

환공의 죽음에도 불구하고 간신 세 명은 권력다툼에만

몰두하여, 환공의 시신을 무려 67일간이나 방치하고, 환공이 남긴 6명의 서자들 또한 치열한 암투를 계속하여 시신에서 벌레가 밖으로 나올 정도였다고 한다.[8]

몸에 좋은 약이 입에 쓰다는 말처럼 적절한 표현이 없다. 현명한 군왕이었던 환공은 그야말로 간신배들이 환공에게 제공하는 재미, 쾌락, 편안함, 익숙함에 도취해서 나라를 망하게 하고 본인도 비참한 최후를 맞이하게 된 것이다.

자신의 생식기를 스스로 거세하고 아들을 죽여 요리를 만들고 부모의 장례식에도 참석치 않은 것을 충성이라고 생각한 환공의 잘못된 판단이었다.

자애로움에 바탕을 두지 않고 겉으로만 꾸미는 사람은 사이비 인재이다. 역사적으로도 혼란이 시작된 계기를 마련한 사람은 모두 자애보다는 아첨이 넘치는 간신들이었다.

따라서 조직의 리더는 공경하는 것이 지나친 사람을 항상 경계해야 한다. 입에 넣어서 달고 귀에 달콤한 말을 하는 간신들의 아부를 멀리하는 것은 사실 리더의 몫으로 용인술의 중요성을 새삼 깨닫게 하는 것으로 깊이 새겨두어야 할 것이다.

안전한 울타리를 만들려면
세 개의 기둥(교육, 기술, 관리)이 필요하다.

제 **2** 장

안전의 3요소

安
全

최근에 일어나고 있는 안전사고는 사람들을 충격에 빠뜨리기도 하고 때로는 공분을 불러일으키기도 한다. 아파트가 순식간에 무너져 내리거나 건물이 붕괴되어 도로 위를 지나는 버스를 덮치는 장면을 보면서, 예상을 벗어난 재해의 순간에 인간은 그저 무기력한 존재일 뿐이라는 사실을 새삼 깨닫게 되기도 한다.

그러나 최근에 발생한 돌발적인 사고들도 자세히 들여다보면 예전에 일어났던 사고들과 같은 종류의 사고들이라는 것을 알 수 있다. 뜻밖에 불의의 사고라고 생각했던 것들도 그 원인을 종합적으로 분석해보면 충분히 예방할 수 있었다는 사실에 당황스러울 때가 있다. 그렇기 때문에 안전사고 예방을 위해 최선의 노력을 하였다면 그 어떠한 사고도 사전에 방지할 수 있었을 것이다.

안전에서 가장 중요한 세 가지 요소는 교육, 기술, 관리를 말한다. 안전에 있어서 아주 기본적인 요소들이며, 기본이 잘 지켜진다면 안전사고를 예방하는 데 크게 도움이 될 것이다.

1. 안전교육

어린아이와 함께 손을 잡고 여행을 한다. 좋은 경치를 감상하며 즐거운 마음으로 다니고 있는데, 어느 순간 아이가 울음을 터트리면 우리는 왜 우는지 알 도리가 없다. 바람도 시원하고 풍경도 근사한데, 아이는 왜 우는 것일까 하면서, 대부분은 원인을 찾으려 하지 않는다. 그저 원래 떼를 잘 쓰는 아이라고 치부해버린다.

그러나 우는 아이를 달래주기 위해 앉아보면 아이가 왜 우는지 곧 이유를 알 수 있게 된다. 아이의 눈높이에서 바라보니 아이에게는 시원한 바람과 근사한 풍경이 보이는 것이 아니라, 지나다니는 사람들의 다리만 보일 뿐이었던 것이다.

생각해보면 그것이 아이에게는 얼마나 무서운 풍경이었을까.

현장의 관리감독자나 근로자는 생산 분야에는 전문가이지만 안전 분야에는 비전문가가 대부분이다. 그래서 근로자가 안전교육의 필요성을 인식하고 적극적으로 참여하도록 하기 위해서는 강사가 근로자의 안전의식 수준에 적합한 그들의 눈높이에 맞춘 교육이 필요하다.

안전교육에 있어서 참여식 교육이 필요하다고 하면, 그것이 현장에 적합한 것인지에 상관없이 일률적으로 참여식 교육만을 고집하는 경우가 있다. 그러나 이러한 형식적인 안전교육은 지양되어야 하며, 교육생들의 눈높이에 맞춘 실질적이고도 체계적인 안전교육을 실시해 나가야 할 것이다. 각자 맡고 있는 업무에는 본인 스스로 전문가로서의 역할을 수행하고 있지만, 안전 분야는 본인의 업무가 아니라고 생각하는 경우가 많기 때문에 안전교육을 실시하기 전에 안전의식에 대한 수준을 평가하여 단계별로 적합한 교육을 실시할 필요가 있다. 또한 전문적인 사항은 전문가에게 실시하고 관리감독자에게는 관리감독자에게 적합한 내용으로, 근로자에게는 근로자에게 필요한 내용으로 강의가 이루어져야만 교육생들도 안전교육의 필요성을 깨닫게 될 것이다.

최근 산업안전보건법이 전면 개정되고 '중대재해처벌법'이 시행되면서 기업에서는 이에 대한 대처방안을 모색해야 할 필요가 있다. 그중에서도 가장 중요한 것은 바로 안전교육이다. 특히 우리나라에서는 컴플라이언스 프로그램 중에서 교육을 가장 직접적이고 구체적인 방법으로 인정하고 있다.

안전교육은 사고를 예방하기 위한 매우 중요한 요소다. 사고발생은 불안전한 행동과 상태에서 그 원인을 찾을 수 있으며, 인명사고와 함께 재산상의 손실을 가져오게 된다. 근로자의 안전의식 저조와 정보 부족이 불안전한 행동과 불안전한 상태를 방치하기 때문이다. 이러한 불안전한 행동과 상태를 없애기 위해서는 근로자의 안전의식을 고취시키는 것이 매우 중요하다. 그래서 안전교육은 반복적이고 지속적으로 이루어져야 한다. 우리가 제사상을 차릴 때 평상시에 항상 하는 일이 아니기 때문에 서로 의견을 교환하면서 하는 것처럼, 생산현장의 근로자 또한 반복적이고 지속적인 교육을 통하여 안전을 생활화하도록 하여야 한다.

안전교육의 목적

1. 정신적인 안전추구

정신적인 안전을 추구하기 위해서는 심리적이고 생리적인 안전을 확보할 수 있도록 해야 한다. 생활 속에서의 안전을 위해서는 가정생활이나 주변에서 하는 모든 일에서 편안한 정신상태를 유지하는 것이 중요하다.

2. 위험에 대처할 수 있는 능력 향상

안전한 행동을 습관화할 수 있도록 안전한 작업방법에 대한 교육을 실시하여, 설비의 안전과 함께 불안전한 행동을 하지 않도록 하여 스스로 위험에 대처할 수 있는 능력을 향상시켜야 한다.

3. 안전한 작업환경 유지

소음이나 조명, 춥거나 더운 작업환경을 쾌적하게 하는 것도 중요하지만 밀폐된 작업현장에서 이산화탄소의 농도를 관리하는 것 또한 매우 중요하다. 환기가 제대로 이루어지지 않으면 산소가 부족하게 되고 이산화탄소가 증가하여 작업자의 판단력을 흐리지게 만들어 안전사고를 초래하게 된다. 자동차 문을 닫고 장시간 운전을 하면 피로감을 느끼고 졸음이 몰려오게 되는 원인도 여기에 있다. 이에 대하여 근로자들에게 환기의 필요성에 대해 정확한 교육을 하는 것이 필요하다.

4. 물질적인 안전 추구

기계설비의 안전도 필요하다. 근본적인 안전을 확보하기 위해서는 이중삼중의 안전조치를 하는 것도 중요하지만, 안전시설이 아무리 잘 되어 있어도 사용하는 사람이 사용상의 안전조치 의무를 이행하지 않으면 사고로 이어질 수 있기 때문이다. 기계 설비를 사용하는 근로자에게는 안전시설의 필요성과 함께 사용상의 안전수칙 등에 대하여 주기적이고 반복적으로 교육하여 안전한 작업습관을 만들도록 해야 할 것이다.

2. 안전기술

우리 역사에서도 안전과 관련된 일화를 쉽게 찾아볼 수 있다. 조선 초기 이방원이 왕위에 오르는데 결정적인 역할을 했던 하륜(河崙)의 이야기는 특히 안전기술을 활용했던 사례로 들 수 있다.

이성계가 함흥에서 돌아올 때, 하륜은 기념 행사장의 천막 기둥을 아름드리나무로 만드는 기지를 발휘하여 이성계가 쏜 화살로부터 이방원을 지켜주었다. 또한 이방원이 이성계에게 술잔을 올릴 때에도 멀리서 내시를 통하여 올리도록 하여 이성계의 철퇴로부터 이방원의 생명을 구해주었다. 두 사례를 현재의 시각에서 보면 위험을 예견하여 안전방책을 설치하고 안전거리를 유지하게 한 것이다.

　안전기술이란, 불안전한 상태를 제거하기 위해 안전장치나 안전시설을 설치하고, 위험요인을 파악하여 안전상의 조치를 실시하기 위한 기술을 말한다. 현재 산업안전보건법의 약 90%가 기술적인 사항으로 되어있고 이를 준수하도록 법으로 강제하고 있다. 하지만 전문 인력의 부족과 근로자의 참여의식 저조로 인하여 현실적으로 지켜지지 못하는 경우가 많다.

　사업주는 안전관리자나 관리감독자, 근로자가 안전상의 조치를 요구하면 이를 이행하고 즉시 조치하는 것이 바람직하다. 이방원과 하륜 대감의 일화를 보면 안전기술에 대하여 좀 더 깊이 생각해볼 수 있다.

이방원과 하륜대감
Safety Device

고려를 무너뜨리고 조선을 건국한 태조 이성계의 재위 기간은 1392년부터 1398년까지 불과 7년밖에 되지 않는다. 고려 말의 사회적 모순을 개선하고자 스스로 왕의 자리에 오른 그였지만, 말년에는 자식들이 벌이는 골육상잔의 권력다툼 앞에서 권력의 무상함을 느끼고 스스로 왕위에서 물러났다.

이방원이 왕으로 즉위한 것과 때맞춰 이성계는 궁궐을 떠나 함흥으로 갔다. 함흥은 이성계가 무장시절부터 장악해 온 땅으로 아직도 그곳 백성들은 그를 영웅으로 떠받들고 있었다. 이성계는 함흥에 머무는 2년 동안 철저하게 외부인의 출입을 봉쇄한 채 별궁에서만 지냈다.

형제들을 죽이고 스스로 왕의 자리에 오른 이방원을 못마땅하게 생각했던 이성계는 그가 보낸 차사들을 모두 죽이기까지 했다. 한번 가면 살아서 못 돌아오는 길. '함흥차사'란 곧, 죽음의 길이었다.

이방원은 비록 임금의 자리에 올랐다고 해도 옥새가 없으면 진정한 왕이라고 할 수 없었기에 날이 갈수록 속이 바짝바짝 타들어가는 것만 같았다.

그러던 중 해결사가 나타났으니, 그가 바로 이성계의 오랜 친구인 '무학'이라는 사람이었다. 무학은 근처에 볼일이 있어서 우연히 지나가다 들른 것처럼 둘러대며 이성계와 이야기를 나누었다.

"비록 지난날의 과실이 큰 것은 사실이지만 어쨌거나 전하의 자식입니다. 전하께서 인륜을 끊어버리신다면 전하의 아드님께서는 그 자리에 앉아 있을 수가 없습니다. 어쨌거나 두 분의 부자관계가 아름다워야 나라가 편해진다는 것을 통찰하소서."

그의 간곡한 설득에 이성계는 마음을 움직여 한양으로 돌아가기로 결심했다.

태상왕 이성계가 한양으로 돌아온다는 소식을 듣고 태종 이방원은 기쁜 나머지 직접 부왕을 맞이하기 위해 조정 대신들을 모두 데리고 의정부로 향하였다. 하륜은 이때 행차를 따라다니면서 이방원에게 한 가지 다짐을 받았다.
　"만약 상왕께서 부르시더라도 절대 가까이 가지 마십시오."
　그러자 이방원은 어찌 자식 된 도리로 부모의 부름을 받고도 가까이 가지 말라 하느냐며, 부왕께서 얼어붙었던 마음을 풀고 돌아오시는 길인데 자신을 더는 욕되게 하지 말라며 하륜의 말을 뿌리쳤다. 하륜은 더 이상 이방원을 설득할 수 없다고 판단하여 이렇게 덧붙였다.
　"그렇다면 한 가지만 신의 뜻을 따라 주십시오."
　하륜은 이성계를 맞이하기 위해 마련된 환영 행사장의 천막을 받치는 기둥만큼은 아름드리나무를 쓰게 해달라며 이방원의 허락을 구했다. 천막 기둥이야 무엇을 쓰든 튼튼하기만 하면 그만이라는 생각에 태종은 그의 말대로 하도록 지시했다.
　태상왕 이성계의 환도식은 엄숙하고도 장엄한 분위기 속에서 거행되었다. 태조 이성계는 미리 마련된 상좌에 올라 있었고, 멀리부터 환도를 알리는 천막 휘장이 펄럭이는 모습만 보고도 태종 이방원의 가슴은 벅차올랐다.

"이제 비로소 아버님이 나를 군왕으로 인정하시는구나!"

하지만 이성계는 들리지 않을 정도의 혼잣말을 하고 있었다.

"잔인한 놈. 제 아우를 둘이나 죽일 만큼 임금 자리가 그렇게 탐나더냐!"

부자간의 거리가 점점 가까워지는 것과는 달리 서로를 대하는 두 사람의 감정은 이렇듯 큰 차이가 났다. 점점 자신을 향하여 다가오는 아들을 본 이성계는 옆에 놓인 활과 화살을 집어 이방원을 향해 쏘았다. 천하의 명궁 이성계였기에, 이를 지켜보던 대소신료들은 손써볼 틈도 없이 '이제 임금은 죽게 생겼다'고 생각할 수밖에 없었다.

"빨리 몸을 피하소서!"

바로 그 순간, 태종은 하륜의 다급한 음성을 들었고, 천막 기둥 뒤로 황급히 몸을 피했다. 동시에 화살은 퍽 소리를 내면서 천막을 떠받치고 있는 기둥에 꽂히고 말았다.

"저럴 수가!"

죽었다고 생각했는데, 살아난 이방원을 보며 사람들은 안도의 한숨을 내쉬었다. 그러한 가운데 이성계의 말 한마디가 흘러나왔다.

"천운을 타고 났으니 어쩔 수 없구나!"

천막을 떠받치는 재목으로 아름드리나무를 쓰자고 했던 하륜의 말을 듣지 않았더라면, 이방원은 여지없이 부왕의 화살에 맞아 죽을 뻔했던 것이다. 이방원은 비로소 정신이 번쩍 들었다.[1]

위험을 예측하고 안전거리를 두지 않은 이방원을 구하기 위해 차선책으로 아름드리나무의 기둥을 설치하겠다고 건의한 하륜이 아니었으면 이방원은 그대로 죽고 말았을 것이다. 관리자가 위험을 예측하여 개선할 것을 건의하는 것도 중요하지만, 이를 받아들이는 사업주의 의지 또한 매우 중요하다.

"침착하소서. 백성들이 보고 있습니다."

하륜이 이방원을 향하여 낮게 읊조렸다.

이방원은 하륜의 말대로 태연하게 부왕 앞으로 나아갔다. 뒤따르는 하륜은 다시 한 번 이방원에게 조언했다.

"아직 부왕께서 노기를 완전히 다스리지 못하신 듯하니 잔을 직접 올리지는 마십시오."

이윽고 이방원이 부왕에게 술을 올릴 차례가 되었다.

하륜은 술병을 들고 이성계 앞으로 나아가는 임금의 행동을 제지시켰다.

"부자지간의 도리라고는 하나 일국의 군왕이 몸소 잔을 올리는 것은 예법에 어긋나는 일입니다. 그러니 전하는 술을 따르기만 하고 잔을 올리는 것은 내관을 시키도록 하소서."

이방원은 못 이기는 척 술을 따라 내관에게 건네주었다. 그러자 이번에도 이성계의 탄식하는 목소리가 흘러나왔다.

"하늘이 정한 운수라서 어쩔 수가 없구나!"

이성계는 자신의 긴 소매 속에서 작고 단단한 여의주 모양의 철퇴를 꺼내 놓았다. 만약 이방원이 가까이 왔을 때, 그 철퇴를 내리치기라도 했더라면 단박에 머리통이 날아갈 판이었다.

이성계는 두 번씩이나 아들을 죽이고 싶은 충동을 느꼈으나, 그때마다 이방원은 교묘하게 위기를 모면한 것이었다. 그날 이후 이성계는 더 이상 그에 대한 미움을 쌓아두지 않기로 마음먹었다고 한다. 마침내 이성계는 옥새를 주었으며, 부자간의 앙금은 봄눈 녹듯 사라졌다고 한다.[2]

위험을 예측하고 이에 대한 대비책을 강구한 하륜의 행동에서 우리는 안전관리자의 역할을 들여다볼 수도 있다. 하륜의 충고가 아니었다면 옥새는커녕 그 자리에서 목숨을 잃게 되었을지 모르는 순간이었다.

안전관리자와 관리감독자는 항상 현장 내 위험을 인지하여야 한다. 작업자가 이러한 관리자의 충고에 따라 처신한다면 안전한 현장을 만들 수 있을 것이다.

안전관리자가 위험을 사전에 파악하고 건의하는 것도 중요하지만, 관리자의 건의사항을 받아들여 이를 반영하는 사업주의 역할이 사고를 미연에 방지할 수 있을 것이다.

교토삼굴(狡兎三窟)
Fail Safe

　중국 제나라에는 맹상군이라는 재상이 있었다. 재상이란, 왕 다음으로 가장 높은 벼슬을 말한다. 그는 자신에게 찾아오는 선비들에게 잠잘 곳을 제공해주고 먹을 것을 나누어주었다. 그 선비들을 '식객'이라 불렀는데, 당시에는 식객의 숫자가 많을수록 그만큼 자신의 세력을 과시할 수 있었다고 한다.

　제나라 재상 맹상군은 삼 천여 명에 달하는 많은 식객을 거느리고 있었는데 많은 식객을 부양하기 위해 옆 마을 주민들을 상대로 돈놀이를 하고 있었다. 이들이 돈을 제때에

갚지도 않고 있어, 식객 중에서 한 사람을 보내 이자를 독촉하려고 하는데 이때에 1년 동안 무위도식하던 풍환이 자청해서 나오면서 맹상군에게 "빚을 받고 나면 무엇을 사올까요?"
하고 물어보니 맹상군은
"우리 집에 부족해 보이는 것으로 하시오." 하면서 풍환을 보냈다.

풍환은 수레를 몰아 설 땅으로 간 뒤 곧 관원을 시켜 백성 중에 빚이 있는 자들을 불러놓고 빚의 내용이 맞는지를 확인하게 했다.

설 땅의 백성들이 이자를 갚기 위해 가지고 온 돈은 모두 10만 금에 달했다.

풍환은 곧 그 돈으로 술과 고기를 준비시킨 뒤 거리에 크게 방문을 붙였다.

"맹상군의 곡식이나 돈을 빌려 쓴 자는 그 이자를 갚았거나 갚지 못했거나 상관하지 말고 빠짐없이 이곳으로 와서 차용증서를 보이고 변변찮은 술과 안주를 먹고 가기 바란다."

다음날 백성들이 차용증서를 들고 풍환이 있는 곳으로 몰려들었다. 풍환은 차용증서를 확인하고는 곧바로 좌우에 명했다.

"맹상군이 돈과 곡식을 빌려준 것은 이자를 받기 위해서가 아니라 가난한 사람들의 살림을 도와주기 위한 것이었다. 그러니 어찌 이자를 받을 수 있겠는가. 지금까지의 모든 빚을 탕감하고 차용증서를 모두 소각하라는 명이 있었다. 그대들은 맹상군의 높은 뜻과 은덕을 잊지 말라."

그리고는 뜰에서 차용증서를 모두 불살라 버렸다. 모든 백성들은 환호하며 만세를 불렀다.

빚을 받으러 갔던 풍환이 빈손으로 돌아왔다. 그러면서 하는 말은 더 가관이었다. "대감의 집에는 의(義)가 부족하기에 그것을 사왔습니다." 빚을 받으러 갔던 그는 '설' 마을 사람들의 빚을 모두 탕감해주는 대신 그들에게서 '의'를 사 가지고 왔다는 것이다.

'의'라 하면, 사람이 마땅히 지키고 행하여야 할 도덕적 의리를 말하는 것이다. 맹상군은 기가 막혔지만, 체면상 풍환을 혼낼 수도 없는 일이었다.

세월이 흘러 맹상군에게 위기가 찾아왔다. 왕실의 권력 싸움에 밀려 재상 자리에서 물러나게 되었던 것이다. 당장 갈 곳이 없던 그는 '설' 마을로 내려가게 되었는데, 마을 사람들이 모두 그를 마중 나오며 환대해 주었고, 그가 어디를 가든 가는 곳마다 환영의 인파가 몰렸다.

풍환이 샀다던 '의'가 무엇인지 맹상군은 그때가 되어서야 알게 되었다. 감격해 하는 맹상군에게 풍환은 말했다.

"꾀 있는 토끼들은 굴을 세 개씩 파놓는다고 합니다. 그래야 생명을 보존할 수 있지요. 지금 이 설 고을은 굴 하나에 불과합니다. 이 굴 하나로는 안심할 수 없습니다. 소인이 굴 두 개를 더 파놓도록 허락해 주십시오."

맹상군은 알았다고 고개를 끄덕였다. 이후 풍환은 제나라와 경쟁 관계에 있던 양나라로 가서 맹상군이 가진 인품과 능력을 자랑했다. 그의 이야기는 소문으로 퍼져 양나라 왕에게까지 전해졌고, 제나라를 이길 수 있는 귀인이라 여긴 양나라 왕은 그에게 엄청난 재물을 보내며 재상 자리를 맡아달라고 청했다.

맹상군이 곧 양나라의 재상이 될지도 모른다는 이야기를 들은 제나라 왕은 다시 그를 재상으로 불러들였다. 이것이 풍환이 파놓은 두 번째 굴이었다.

맹상군은 풍환의 의견을 들어 '설' 마을에 종묘를 세우도록 했다. 종묘란, 역대 왕들의 위폐를 모시고 제사를 지내는 곳을 말한다. 이런 종묘를 세운 그를 왕실에서는 멀리할 수 없었다. 덕분에 맹상군은 수십 년 동안 아무런 위협이나 화를 당하지 않고 순조롭게 제나라의 재상을 지낼 수 있었다. 이것이 풍환이 말한 세 번째 굴이었다.³

토끼가 위험에 대비하기 위해서 세 개의 굴을 만드는 것처럼, 안전을 위해서 'Fail Safe' 방식의 안전조치가 필요하다. 'Fail Safe'란, 기계가 고장이 났을 때 그대로 폭주해서 사고나 재해로 연결되는 일이 없도록 안전을 확보하는 장치를 말한다. 또한 사고발생 시 재해로 이어지지 않도록 하는 이중삼중의 안전조치를 말하기도 한다.

이 고사는 미래에 대비하여 준비를 철저히 해 두면 화가 없다는 뜻의 유비무환(有備無患)과도 일맥상통한다고 할 수 있다.

3. 안전관리

산업현장에서 안전교육, 설비에 대한 안전장치나 안전시설, 보호구, 작업환경 등이 매우 중요하다. 그러나 아무리 시설이나 안전장치가 잘 부착되어 있어도 이를 사용하는 데 있어서 관리를 소홀히 하면 비용만 초래하고 안전사고를 예방할 수 없기 때문에 관리감독자의 역할이 매우 중요하다. 관리감독자는 동일한 작업현장에서 다년간 근무한 경험이 풍부하기 때문에 현장의 불안전한 작업환경과 불안전한 상태를 가장 잘 파악하고 있을 뿐만 아니라 작업공정내용에 대해서도 가장 많이 알고 있다.

그렇기 때문에 동일한 장소에서 같은 작업을 하고 있는

근로자의 가정생활과 정신상태, 작업능력, 건강상태 등을 통해 심리상태는 물론 불안전한 작업행동으로 인한 사고의 원인을 파악하여 안전한 작업방법과 안전한 작업환경을 조성할 수 있는 능력이 있기 때문에 다음과 같은 업무를 수행하여야 한다.

가) 관리감독자의 능력을 최대한 활용하여 설비에 대한 안전점검 및 정비와 근로자의 특성과 능력을 고려하여 적재적소에 인력을 배치하고 현장 점검 시 근로자의 불안전한 자세동작에 대해 현장에서 즉시 시정조치 하여야 한다.

나) 지급된 보호구를 작업현장에서 정확하게 착용하고 작업할 수 있도록 하여 최후의 안전조치인 보호구를 반드시 착용할 수 있도록 지도 감독을 하여야 한다.

다) 설비에 대해서는 작업 전에 안전장치를 점검하여 항상 안전한 상태로 유지하도록 관리하고 주유, 청소, 정비 시에는 설비를 정지시키는 등의 안전조치를 하도록 하여야 한다.

라) 화학물질 등 유해한 작업과 위험한 작업에 대해 유해위험요인을 파악하여 이에 대한 대응전략을 구사하고 필

요 시 안전·보건관리자 또는 설비담당자에게 개선요구를 하고, 안전·보건관리자의 지도와 조언에 적극 협조하여야 한다.

마) 작업현장에 대한 정리, 정돈을 철저히 하여 작업안전통로를 확보하고, 산업재해 발생 시 2차 재해가 발생하지 않도록 현장에 대한 안전조치를 철저히 하고 응급조치를 통하여 재해자를 보호하는 등의 조치를 취하여야 한다.

이와 같이 관리감독자는 산업현장의 최일선에서 안전관리 업무를 수행하고 있다. 산업재해를 예방하기 위해서는 현장에서 안전교육을 철저히 실시하여 근로자의 안전의식을 고취시켜야 한다. 인간은 망각과 착시 현상으로 인하여 사고를 발생시킬 수 있기 때문에 사람이 실수로 인해 일으킬 수 있는 사고를 예방하기 위하여 안전장치나 안전시설 그리고 각종 보호구 등이 필요하다. 다만, 이러한 시설이 완벽하게 설치되어 있어도 사용자가 사용을 기피하여 사고를 발생시키기 때문에 이에 대한 관리감독이 매우 중요하다고 할 수 있다.

공자도 『논어』 「위령공」 편에서 "사람이 먼 장래를 걱정하지 않으면 반드시 가까운 미래에 근심 걱정이 있을 것이다."라고 하였다.

곡돌사신(曲突徙薪)이란 "굴뚝을 구불구불하게 만들고 부엌 아궁이 옆에 있는 섶나무를 먼 곳으로 옮긴다."라는 의미로 화근을 미리 없애고 미래를 대비해야 한다고 하는 안전관리의 중요성을 잘 보여주는 말이다. 이는 다가올 재난과 재앙을 예방하기 위해 화근이 될 만한 것들은 미리미리 제거해야 한다는 것이다. 재난과 화근은 항상 그런 징후나 낌새가 있게 마련이므로 반드시 살피고 개선조치 해야 하며, 그것을 무시하면 더 큰 화를 초래한다.

곡돌사신(曲突徙薪)

곽광은 한나라 때 권력이 막강한 신하였는데 말년에 집안사람들이 사치와 전횡을 일삼아 많은 사람들의 원성을 샀다. 이때 무릉에 사는 서복이라는 선비가 세 번이나 임금에게 글을 올렸다.

"곽 씨 일족은 오만방자하여 자신을 모시는 사람을 업신여기게 된다. 그런 사람은 틀림없이 반역의 길을 걷는다."라고 하면서 "제때 처리하지 않으면 훗날 큰일이 벌어지고 수습하기 어려울 것이다."라고 하였으나 그 말은 받아들여지지 않았다. 곽광이 죽고 난 3년 후 지나친 탐욕으로 권력을 마구 휘두른 곽씨 집안은 거덜 나고 집안사람들

「曲突徙薪 (곡돌사신: 굴뚝을 꼬불꼬불하게 만들고 아궁이 근처의 나무를 다른 곳으로 옮긴다)」, 박영진, 2022, 예서.

은 모두 죽임을 당했다. 그런 후 그들을 고발한 자들은 모두 큰 상을 받았으나 일찍이 그 일을 지적하고 예견한 서복에게는 아무 보상이 없었다. 이에 서복의 충정과 대우받지 못함을 안타깝게 여긴 신하가 임금에게 다음과 같은 글을 올렸다.

"어떤 사람이 길을 가다가 어느 집 앞을 지나가게 되었습니다. 가다가 보니 그 집 부엌의 굴뚝이 곧게 되어 있었습니다. 게다가 그 아궁이 옆엔 섶나무들이 잔뜩 쌓여 있었습니다. 나그네가 주인에게 말했습니다. 굴뚝을 구불구불하게 다시 만드시고 섶나무들을 멀리 옮기십시오. 그렇지 않으면 앞으로 불이 날 것입니다. 하지만 그 주인은 아무 말도 하지 않고 대꾸조차 하지 않았습니다. 그 후 어느 날 갑자기 그 집에 불이 났습니다. 동네 사람들이 힘을 모아 다행히 불을 껐습니다. 주인은 소를 잡고 술을 내놓으며 동네 사람들에게 고마움을 표시했습니다. 불에 덴 사람이 맨 윗자리에 앉고 나머지는 그 공로에 따라 자리했습니다. 그러자 어떤 사람이 집주인에게 말했습니다. '당신이 그 나그네의 말을 들었더라면 소를 잡고 술을 사는 일도 없었을 것이고 불도 나지 않았을 것입니다. 지금 불을 끈 공로에 따라 동네 사람들을 따로 불러 잔치를 열었으나 굴

둑을 구부러지게 만들고 섶나무를 멀리 옮기라고 한 사람에게는 은혜가 미치지 않았습니다. 그런데 머리를 그을리고 이마를 데면서 불만 끈 사람을 맨 윗자리에 앉혀서 되겠습니까?' 그러자 그때서야 주인은 그 손님을 불렀다고 합니다."

신하의 이야기를 듣고 황제는 서복에게 비단 10필을 내리고 나중에 낭관 벼슬을 주었다고 한다.4

이는 『한서(漢書)』「곽광김일제전(霍光金日磾傳)」에 나오는 '곡돌사신'에 대한 이야기이다. 굴뚝이 곧게 되어있으면 불꽃이 굴뚝 밖으로 나갈 수 있기 때문에 굴뚝을 구부러지게 하는 것은 불안전한 상태를 제거하고 예방할 수 있는 '안전시설'이 된다. 섶나무를 아궁이로부터 멀리 옮기는 것은 화재를 예방하기 위한 관리적인 측면에서의 '안전조치'라고 할 수 있다.

화재가 발생한 후, 집주인은 불을 끄는 데 도움을 준 마을 사람들에게 보답하기 위해 소를 잡고 술을 대접했다. 집이 불에 탔으니 직접적인 재산상의 피해를 입은 것에 더하여, 사용하지 않아도 될 추가적인 간접비용을 사용하게 된 것이다. 나그네의 말을 듣고 사전에 시설 점검을 하고 예방할 수 있는 조치를 취했더라면 그런 직간접적인 비용은 발생하지 않았을 것이다. 관리감독자는 경청하는 자세로 위험요인에 대한 적절한 예방조치를 통해 사업장의 손실을 최소화할 수 있도록 해야 할 것이다.

하인리히가 말하는 재해발생 이론에서 1건의 중대재해가 발생하기 전에 300건의 무상해 사고가 발생하고 29건의 경상해 사고가 발생한다고 하였다.

사고의 원인이 될 만한 것은 아무리 작고 사소한 것이라도 제거하지 않으면 대형사고로 이어질 수 있다는 것을 단적으로 보여주는 사례라고 할 수 있다. 불안전한 요인에 대해 개선을 요구하는 사람이 있다면 어느 누가 건의하더라도 받아들여서 개선하여야 한다는 점을 일깨워 주는 것이다.

안전을 볼 때는 '시(視)'가 아닌
'관(觀)'과 '찰(察)'의 안목으로 살펴야 한다.

제 **3** 장

安
全

관리자의 역할

'윗물이 맑아야 아랫물이 맑다.'라는 속담이 있다. 그러나 중국의 황하강을 보니 그것이 반드시 옳은 말은 아닌 것 같았다. 황하강의 발원지에서는 맑은 물이 나오지만 황토고원을 거치면서 점차 황토색의 강물로 변하는 것이다. 아무리 위에서 안전하게 작업하도록 교육하고 지시하여도 중간관리자가 이를 지키지 않는다면 황하강의 물처럼 황토색으로 변하여 맑은 물로 되돌릴 수 없는 것이다.

기업에서 중추적인 역할을 하는 중간관리자가 본연의 업무에 충실하면서 안전사고 예방을 위해 적극적이고 선두적인 역할을 수행하기 위해서는 관리자의 능력을 향상시켜야 한다.

1. 작업에 대한 지식

『한비자(韓非子)』는 중국 고대의 이름난 사상가인 한비(기원전 약 280~233년)의 법가 사상을 집대성해 놓은 책이다. 현실과 역사에 대한 냉철한 분석이 담겨 있으며, 특히 우화를 통해 구체적인 방법들을 얘기하고 있다. 다음은 『한비자』의 「설림(說林)」편에 나오는 이야기다.

노마지지(老馬之智)

춘추시대 제나라의 왕 환공(桓公)은 전쟁을 떠나면서 재상인 '관중'과 명신인 '습붕'을 대동했다. 그들은 후세에도 이름을 남기고 있는 지략가들이기에 환공에게는 가장 든든한 동행자들이었다. 전쟁은 봄에 시작되어 겨울에 끝이 났다.

제나라로 돌아가는 길에 그들은 길을 잃고 말았다. 그들이 길을 떠날 때는 봄이었는데, 전쟁을 끝내고 돌아가는 길은 계절이 바뀌어 나무를 비롯한 주변의 환경이 많이 달라져 있었기 때문이다.

그때 관중이 생각한 방법은 늙은 말의 고삐를 풀어 놓고 그 말을 따라가보는 것이었다. 그러자 늙은 말이 가진 감각과 특유의 능력으로 길을 찾을 수 있었다.

그렇게 제나라로 가는 길을 찾았지만 이번에는 물이 부족해서 쓰러지는 병사들이 많아졌다. 겨울이었기 때문에 개울물이 모두 말라 있었기 때문이다.

이때 습붕이 생각한 방법은 개미집을 찾는 것이었다. 개미는 물이 있는 곳에서 살기 때문에 여름에는 산의 북쪽에 살고 겨울에는 산의 남쪽에 산다고 하였다. 그래서 개미집이 있는 곳의 땅을 파보면 분명 물이 나올 것이라고 생각한 것이었다. 결국 그러한 방법으로 물을 구했고 무사히 제나라로 돌아갈 수 있었다.[1]

위의 이야기에서 관중이 생각해낸 늙은 말의 지혜를 '노마지지(老馬之智)'라고 하며, 현대에 와서는 '경험이 풍부한 사람이 갖춘 지혜'를 말할 때 자주 쓰이는 말이다. 우리가 생활하면서 어려운 일을 당하거나 중대한 일을 결정할 때는 어른들의 지혜를 구하는 경우가 많다. 그것은 그들이 풍부한 경험을 가지고 있기 때문이다.

또한 사람보다 못한 한낱 미물에 불과한 개미에게서 지혜를 찾는 습붕의 일화는 자신의 능력만을 믿고 직원들의 의견을 잘 듣지 않는 사람들에게는 귀감으로 삼을 수 있는 이야기다.

여기에서 우리는 '작업에 대한 지식'을 풍부하게 갖춘 관리자를 잘 따라야 한다는 교훈을 얻을 수 있다. 연륜에서 나오는 것일 수도 있고 경험에서 나오는 것일 수도 있다. 더 나아가서 관리자 또한 자신의 경험과 능력만을 맹신하지 말고 직원들의 의견이나 조언을 무시하지 않아야 한다. 그러기 위해서는 겸허한 자세로 직원들의 의견을 경청하는 습관이 필요하며 서로 협의하여 업무를 수행할 수 있어야 한다.

과거의 관리감독자는 생산능력과 품질향상에만 주력하면 되었지만 이제는 관리감독자가 안전관리 업무를 수행함에 있어서 다음과 같은 능력을 갖추고 있어야 한다.

첫째, 현장의 작업 내용은 물론, 근로자의 능력이나 심리 상태 등을 파악해야 한다.
둘째, 설비에 대한 안전 및 보건 점검을 위한 기술력을 갖추어야 한다.
셋째, 보호구별 신체 보호에 대하여 근로자가 이해할 수 있는 교육과 착용방법에 대한 구체적인 지식과 능력을 갖추어야 한다.

넷째, 산업재해 발생 시 응급조치방법 및 재해 발생 보고 능력과 동종재해 재발 방지를 위한 기술적인 능력 등을 갖추고 있어야 한다.

다섯째, 위험성평가 시 현장의 유해·위험요인을 파악하여 그에 대한 대처방안을 제시하고 정리정돈을 통하여 안전통로를 확보하고 안전·보건관리자의 지도와 조언에 적극 협조하여야 한다.

관리감독자는 중국 고대의 전설적인 의사인 편작의 큰형과 같은 혜안을 가지고 위험요인을 사전에 파악할 수 있는 능력을 갖추고 있어야 하는데, 그러기 위해서는 '작업에 대한 지식'을 정확하게 알고 있는 것이 무엇보다 중요하다.

편작(扁鵲)의 일화

중국 위나라 왕 문후가 편작에게 물었다.

"그대 형제들은 모두 의술이 정통하다 들었는데 누구의 의술이 가장 뛰어난가?"

편작이 솔직하게 답했다.

"맏형이 으뜸이고 둘째 형이 그다음이며, 제가 가장 부족합니다."

"그런데 어째서 자네의 명성이 가장 높은 것인가?"

편작이 말했다.

"맏형은 모든 병을 미리 예방하여 발병의 근원을 제거해 버립니다. 환자가 고통을 느끼기도 전에 표정과 음색으로 이미 그 환자에게 닥쳐올 큰 병을 알고 미리 치료합니다. 그러므로 환자는 맏형이 자신의 큰 병을 치료해주었다는 사실조차 모르게 됩니다. 그래서 최고의 진단과 처방으로 고통도 없이 가장 수월하게 환자의 목숨을 구해주지만 명의로 세상에 이름을 내지 못했습니다. 이에 비해 둘째 형은 병이 나타나는 초기에 치료합니다. 아직 병이 깊지 않은 단계에서 치료하므로 그대로 두었으면 목숨을 앗아갈 큰 병이 되었을지도 모른다는 사실을 다들 눈치채지 못합니다. 그래서 환자들은 둘째 형이 대수롭지 않은 병을 다스렸다고 생각할 뿐입니다. 그래서 둘째 형도 세상에 이름을 떨치지 못했습니다. 이에 비해 저는 병세가 아주 위중해진 다음에야 비로소 병을 치료합니다. 병세가 심각하므로 맥을 짚어 보고 침을 놓고 독한 약을 쓰고 피를 뽑아내며 큰 수술을 하는 것을 다들 지켜보게 됩니다. 환자들은 치료 행위를 직접 보았으므로 제가 자신들의 큰 병을 고쳐주었다고 생각합니다. 심각한 병을 자주 고치다 보니 저의 의술이 가장 뛰어난 것으로 잘못 알려지게 된 것이죠."[2]

편작이 채나라의 왕 환후를 만나서 잠시 환후를 살펴보

더니 말했다.

"왕께서는 피부에 질병이 있습니다. 치료하지 않으시면 장차 심해질까 두렵습니다."

그러나 환후가 답하기를 아래와 같이 하였다.

"나는 병이 없소."

편작은 그대로 물러 나왔다. 환후는 뒤돌아 가는 편작을 향하여 침을 뱉으며 말했다.

"아무런 상처도 증상도 없는데 병이 있다고 거짓말을 하다니. 의사들은 이득을 좋아해서 질병이 없는데도 치료한답시고 자신의 공이라 자랑한다는 것을 내가 모를 것 같으냐."

열흘이 지나서 편작은 다시 환후를 만나보고 말했다.

"왕의 질병은 살 속에 있으니 치료하지 않으면 장차 더욱 심해질 것입니다."

이에 환후는 응하지 않고 불쾌해했다. 열흘이 지난 뒤에 다시 편작은 말했다.

"왕의 질병은 장과 위에 있기 때문에 지금 치료하지 않으면 장차 더욱 심해질 것입니다."

그러나 환후는 응하지 않았고 매우 불쾌하게 생각했다. 열흘이 지나 편작은 환후를 멀리서 바라보다가 발길을 돌려 달아났다. 환후는 사람을 시켜 그 까닭을 물었다.
편작이 말하기를,
"질병이 피부에 있을 때는 찜질로 치료하면 되고 살 속에 있을 때는 침을 꽂으면 되며 장과 위에 있을 때는 약을 달여 복용하면 되는데, 병이 골수에 있을 때는 운명을 관장하는 신이 관여한 것이라서 어찌할 방법이 없습니다. 지금 군주의 병은 골수까지 파고들었으므로 제가 손을 쓸 수 있는 시기를 지나고 말았습니다."
그로부터 닷새 뒤에 환후가 몸에 통증이 있어 사람을 시켜 편작을 찾았지만 편작은 이미 다른 나라로 달아난 뒤였기 때문에 환후는 결국은 죽고 말았다.[3]

사마천의 『사기』 「편작 창공열전」과 『한비자』 「유로」편에 나오는 편작과 환후의 일화에서 보는 바와 같이 병이 깊어지기 전에 간단히 치료하면 되는 것을 자만하고 소홀히 하여 병이 깊어진 후에 치료함으로써 치료 시기를 지나치는 경우가 많다.

작업현장에서 관리감독자가 위험요인을 지적하고 개선할 것을 요구하면 이를 무시하는 경향으로 인하여 사고를 당해 병원에서 고통스럽게 치료를 받고 평생 장애로 살아가거나 사망에 이르게까지 되는 경우가 있다.

　우리 속담에도 '호미로 막을 것을 가래로 막는다.'는 말이 있다. 사고가 발생한 후에 수습해 주는 관리감독자보다는 사고를 미연에 방지하도록 하는 관리감독자의 지시에 잘 따라야 할 것이다.

휴브리스 Hubris

휴브리스의 대표적 사례로 파나마 운하 건설의 실패를 들 수 있다. 홍해와 지중해를 관통하여 세계의 항로를 바꾼 대역사인 수에즈 운하 공사는 프랑스의 젊은 토목 기사이자 외교관이었던 '페르디낭 드 레셉스'가 총괄했다. 레셉스는 자신만의 기술과 불굴의 의지로 10년 동안 수로를 파서 완성한 수에즈 운하를 통해 유명해졌고, 12년 후 파나마 운하 건설의 총 책임자로 기용되었다.

레셉스는 자신의 존재 가치를 다시 한 번 증명하려는 공명심에 부풀었고, 전 세계의 주목을 받으며, 1881년에 파나마 운하 착공을 시작했다. 그러나 8년간의 악전고투 끝에 파나마 운하 프로젝트는 실패로 끝났다. 수에즈는 사막형 기후로 해발 15m의 평원 지역인데 비해, 파나마는 해발 150m의 열대 밀림 지역으로 현저한 차이가 있었다. 그래서 주위에서는 새로운 갑문식 공법을 적용해야 한다는 의견을 제시하고, 조언을 해 주었다. 그러나 레셉스는 수에즈 운하에 성공했던 자신의 경험을 고집해 조언을 무시하고, 무작정 수로를 팠고,

그런 무모함에서 비롯된 대실패를 가져왔다. 이것이 바로 '휴브리스'이다. 레셉스는 '휴브리스' 덫에 걸려 8년간 55,000명의 근로자 가운데, 약 40%인 22,000여 명이 사고와 말라리아로 희생됐고, 10조 원에 이르는 공사비만 쏟아붓고 천문학적인 막대한 손실을 가져왔다. 이 사실을 견디지 못한 레셉스는 정신병에 걸려 사망하였다.

15년 후 1914년에 미군 공병대가 투입되어, 갑문식 공법으로 10년간 43,000여 명의 인원과 400조 원에 달하는 공사비를 투입하여, 6,000여 명의 희생을 치르면서 '파나마 운하'가 완성되었다. 어이없는 사실은 계단식 수문과 부력으로 선박의 상하, 수평 이동을 병행하는 갑문식 공법

은 레셉스가 파나마 운하 건설을 처음 시작했을 때, 이미 세상에 알려져 있던 것이었다. 누가 봐도 그 지형에 가장 적합한 공법이었지만, 레셉스는 자신의 경험을 내세우며 채택하지 않은 것이었다.

수에즈 운하는 해수면의 높이가 낮아 수평 방식이 적합하지만 파나마 운하는 해수면의 높이가 150미터로 높기 때문에 3단계 갑문방식이 적합하다고 하였으나 이를 따르지 않고 수에즈 운하와 동일하게 공사를 진행하였다. 수에즈 운하는 사막기후이지만 파나마 운하는 열대우림 기후로서 모든 주변 여건이 정반대임에도 수에즈 운하에서 성공한 것을 믿고 공사를 강행함으로써 실패한 것이다.

'수에즈의 영웅' 레셉스가 파나마에서 실패한 이유는 과거의 성공에 집착했기 때문이었다. 자기의 능력과 방식을 고집하고 나아가 우상화하면서 시대와 기술의 변화를 거부한 탓에 수많은 사람들이 목숨을 잃었고 천문학적인 돈을 날리게 되었다.

이를 일컬어 '휴브리스Hubris(오만)'라고 한다. 과거의 성공으로 인해 교만해지고 사람의 장막에 둘러싸여 지적(知的), 도덕적(道德的) 균형을 상실하고 결국에는 판단력까지 잃게 되는 것을 말한다.

 이 '휴브리스' 현상은 역사적 전환기에 곳곳에서 나타난다. 가령 쿠데타나 혁명을 통해 정권을 잡은 창조적 소수자들이 자신들을 성공시킨 그 방식대로 국가를 경영하다가 국민적 저항을 불러일으키고 또 다른 유혈혁명을 낳게 된 사례를 우리는 종종 보아왔다. 그것은 사람이나 조직만이 아니라 문명까지도 몰락시킨다. 흔히 문명의 몰락은 외부의 적이 아니라 오만함과 같은 내부요인에서 비롯된다고 역사학자들은 말하고 있다.[4]

 산업현장에서 경험이 풍부한 사람들이 그동안의 작업방식을 고수하는 것이 오히려 크고 작은 사고를 더 많이 발생하게 하는 원인이 될 수 있다. 수에즈 운하의 영웅 레셉스가 과거의 성공에만 집착하여 파나마 운하에서 실패한 것을 교훈 삼아 작업자들은 오만함을 버리고 안전에 대한 물음을 끝없이 던지며 작업에 임해야 할 것이다.

2. 직책에 맞는 행동

해대어(海大漁)라는 말이 있다. 우리말로 그대로 옮기면 '바다에 있는 큰 물고기'이고 중국 제나라 시대에 '전영(田嬰)'의 일화에서 나오는 말이다. 전영은 맹상군의 아버지이며 설공(薛公)으로도 불리고 정곽군(靖郭君)으로도 불린다.

제나라 임금이 나라를 통치하는 일에 싫증을 내고 모든 정사를 정곽군에게 맡겼다. 그렇게 그는 뜻밖의 권력을 얻게 되고 엄청난 부를 누릴 수 있었다.
정곽군이 '설'이라는 지역에 성을 쌓으려 하자, 반대하는 사람들이 많았다고 한다. 그러자 자존심이 상한 정곽군은 간언하기 위해 찾아오는 모든 사람들을 만나주지 않았다. 그런데 제나라 사람 중에서 만나기를 청하며, "신은 세 글자만 말하기를 청합니다." 세 글자를 넘으면 신을 삶아 죽이십시오."하는 것이었다.

정곽군은 이 말을 듣고 그를 만났는데, 그가 '해대어(海大漁)'라 하고는 돌아서 가려고 하자 정곽군이 말하였다.

"그 말뜻을 듣고 싶다."

빈객이 말하였다.

"저는 감히 죽음을 장난으로 생각하지 않습니다."

정곽군이 말하였다.

"원컨대 과인을 위해 말해 주시오."

빈객이 대답하기를 "군왕께서는 대어(大漁)에 대해 들어 보셨습니까? 대어는 그물로도 잡을 수 없고 작살이나 낚시로도 잡을 수 없지만, 물 위로 튀어 올라 뭍으로 나오면 개미라도 제 마음대로 할 수 있지요. 지금 제나라는 군왕에게 바다와 같습니다. 군왕께서 제나라를 잃는다면 비록 설 땅의 성을 높인다 해도 이익이 없을 것입니다."

제나라에서 얻은 권력을 바탕으로 설 땅에 자신의 성을 쌓고 이주하려던 정곽군은 그 말을 듣고 곰곰이 생각에 잠겼다. 자신이 지금 능력을 발휘할 수 있는 것은 제나라에 있기 때문이며 제나라를 떠나게 되면 그 능력을 발휘할 수 없을 것이라는 생각에 도달했고, 결국 그는 설 땅에 성을 쌓는 계획을 그만두었다고 한다.5

아무리 능력이 출중하고 뛰어난 사람이라고 해도 그가 속해 있는 조직을 떠나면 물고기가 물을 떠난 것처럼 능력을 발휘할 수 없는 것이다. 정곽군의 일화에서 보듯, 각자 자기가 맡고 있는 부서에서 자기 직분에 맞는 업무를 충실히 수행하는 것이 본인이나 조직을 위해서 바람직한 일이다.

또한 각자 맡은 직무에 충실한다면 전문성이 확보되어 모든 업무가 원활할 것이다. 다음은 한비자에 나오는 일화 중에서 전관(殿冠)과 전의(殿衣)에 관한 이야기다.

> 어느 날 왕이 용포를 벗고 잠시 잠이 들었는데, 전의(왕의 용포를 담당하는 사람)가 자리에 없어서 전관(왕의 왕관을 담당하는 사람)은 임금이 감기에 걸릴까봐 걱정되어 비록 자신의 일은 아니었지만 용포를 덮어주었다고 한다.
> 왕이 깨어난 후, 전의가 없는데도 자신이 용포를 덮고 있는 것이 의아해서 전후 사정을 알아보게 되었다. 그리고

전관이 자신에게 용포를 덮어주었다는 사실을 알고는 전의와 전관 두 명 모두를 감옥에 넣고 벌을 내렸다고 한다. 그 이유는 전의는 본연의 업무를 태만히 하여 책임을 완수하지 못한 것이고 전관은 자신의 일이 아닌 다른 일을 한 것을 문제 삼은 것이다. 만일 왕이 전관의 죄를 묻지 않으면 자기 아래의 모든 신하들이 자신의 일보다는 왕에게 잘 보이려고 본연의 업무보다는 타인의 일을 하게 되고 그렇게 되면 전문성이 확보되지 않는 문제가 생길 수 있다고 판단한 것이다.[6]

지게차는 현장에서 안전사고를 많이 발생시키는 장비이기 때문에 면허증을 소지한 사람만이 운행을 할 수 있도록 규정되어 있다. 그러나 산업현장에서는 지게차 운전기사가 자리를 비우면 면허를 소지하지 않은 자가 운행하는 경우가 있어서 그로 인한 사고가 빈번한 실정이다. 전관과 전의에 관한 이야기에서처럼 본연의 업무에 충실하는 것이 안전사고를 예방할 수 있는 가장 기본일 것이다.

모든 안전사고의 원인은 인간의 불안전한 행동에서 기인한다. 아래는 인간의 불안전한 행동요인을 정리한 것이다.

㉠ 불안전한 자세 동작
㉡ 위험장소 접근
㉢ 복장·보호구의 잘못 사용
㉣ 안전장치의 기능 제거
㉤ 기계기구의 잘못 사용
㉥ 운전 중인 기계장치 손질
㉦ 불안전한 속도 조작
㉧ 위험물 취급 부주의

이러한 불안전한 행동을 제거하기 위해서 아래와 같이 직책별로 행동방안을 제시하고자 한다.

㉠ 불안전한 자세 동작에 의한 사고는 근로자의 개인적인 결함이 원인으로 나타나는 경우가 대부분인데 신체적인 결함이나 인간공학적인 측면을 고려하지 않은 작업현장을 개선하여 근로자가 편안한 자세에서 작업할 수 있도록 하며, 반복 작업을 지양할 수 있도록 설비를 개선하여야 한다.

신체적인 결함 원인에서 매우 중요시되는 것이 근로자의 스트레스에 의한 것으로 이는 외부에서 가해지는 자극이나 내부적인 생리적 현상과 심적인 갈등으로 인하여 일상생활을 하는데 지장을 초래하는 현상을 스트레스라고 한다.

스트레스 원인으로는 더위와 추위, 소음, 빛과 열, 그리고 밀폐된 공간에 의한 물리적인 원인과 피로나 질병, 갱년기 현상과 같은 생리적인 요인이 있다.

사회생활에서 오는 심리적인 요인으로는 대인관계에서 가장 많이 발생하는 갈등, 따돌림, 괴롭힘 등에 의한 좌절과 불안이 있고 개인적으로는 인사와 관련된 승진, 이직, 실직과 완벽주의적인 사고방식, 비관적인 사고, 업무중독과 극단적인 사고 등에 의해서 나타난다. 이로 인하여 집중력이 저하되고 경직된 근육으로 인하여 창의력과 사고력이 떨어지게 되면서 조직 전체의 사기와 생산성이 낮아지는 것은 물론 안전사고를 유발할 수 있다.

관리자는 근로자의 스트레스 원인을 사안별로 파악하여 대처방안을 강구하여야 한다. 정신과 의사의 진단과 처방을 병행하기도 하며, 상사에게 건의하여 근무부서를 변경하거나 고충처리를 하여 인사이동을 통해 해소하는 등의 조치를 취하여야 한다.

유산소 운동과 적절한 휴식이나 스트레칭, 명상과 호흡법 등을 실시하여 스트레스를 해소시키고 안전교육을 철저히 하여 불안전한 자세 동작을 스스로 개선하도록 하여야 한다.

ⓒ 위험장소 접근으로 인한 사고의 원인은 경험이 많은 근로자들의 안일한 사고방식과 현재까지의 작업방법으로 인하여 발생된다. 변전실이나 산소결핍장소, 밀폐공간 등에 접근하여 감전이나 질식 등의 재해가 발생하기 때문에 근로자의 접근을 금지할 수 있도록 하기 위해서는 안전방책을 설치하여 관계자 이외의 출입을 금하도록 하여야 한다.

ⓒ 복장·보호구의 잘못 사용으로 인한 사고 사례로는 밀폐된 공간이나 산소결핍장소에서 방독마스크나 방진마스크 착용, 유기용제 사용 장소에서 방진마스크 착용 등 작업특성에 적합하지 않은 보호구를 착용하고 작업하는 경우이다. 작업특성에 적합한 복장이나 보호구를 착용하도록 철저한 관리가 필요하다.

ⓔ 안전장치의 기능 제거로 인하여 중대재해를 유발하고 있다. 이를 예방하기 위한 근로자 준수 의무사항으로 법에서 "근로자는 부착된 안전장치를 반드시 사용하여야 하며, 작업특성상 부득이하게 안전장치를 해체하고 작업하여야 할 경우에는 사업주의 승인을 받은 다음에 안전장치를 해체하고 작업이 종료됨과 동시에 안전장치를 원상 복구하여야 한다."고 명시하여 안전장치의 중요성을 인식시키고 있다.

㉺ 기계기구의 잘못 사용으로 인하여 본인은 물론이고 주변 근로자도 재해를 당하는 경우가 많이 발생한다. 이는 기계기구별 작업안전수칙을 준수하지 않으므로 인한 사고이기 때문에 작업 전에 기계기구별 특성을 정확히 파악하고 안전수칙을 준수하도록 하여야 한다.

　㉻ 운전 중인 기계장치의 손질로 인한 재해발생 원인에는 생산성 향상과 불량예방을 위한 작업과정에 기계가 가동 중인 상태에서 주유를 하거나 청소, 점검과 정비, 이물질제거 등을 함으로써 협착사고가 많이 발생하고 있다.
　기계를 운전 중일 때에는 주유, 청소, 점검, 정비를 하지 말고 반드시 기계를 정지시켜야 하고 정지시킨 기계의 작동 스위치에는 잠금장치를 하고 "작업 중 촉수 엄금"이라는 표지 Lock Out, Tag Out를 부착한 다음에 작업하여야 한다.

　㉼ 불안전한 속도로 조작하는 이유는 생산성 향상을 목표로 무리하게 기계 설비를 조작하기 때문이다. 그 결과 설비를 파손시키거나 근로자에게 상해를 발생시키는 경우가 많이 발생하고 있다. 설비별 사용설명서에 명시된 최고 속도 이상으로 작업하지 못하도록 제어시스템을 구축하여야 한다.

◎ 위험물 취급 부주의에 의한 사고는 근로자 본인은 물론 공장 전체와 인근 주민에게까지 영향을 미친다. 화학물질관리법에 의한 규정을 철저히 준수하여야 하며 물질안전보건자료에서 정하는 기준을 준수할 수 있도록 교육을 철저히 하고 관계자 이외에는 취급을 금하도록 하여야 한다.

위와 같은 불안전한 행동 8가지를 제거하기 위하여 직책별 방안을 제시하고 맡은 바 직무를 수행할 수 있는 내용을 파악하여 이를 실천할 수 있도록 하여야 한다.

첫째로 경영진은 안전관리 업무를 원활하게 수행하기 위해 체계적인 조직을 구성하고 그 직무를 수행하기 위한 충분한 권한을 부여하며 필요한 예산을 책정하고 집행하여야 한다. 또한 설비의 안전을 확보하기 위해 안전한 기계설비 구입과 작업환경 개선을 위한 조치를 하여야 한다. 안전관리 기본방침과 안전에 관한 경영방침을 시달하여 전 사원에게 경영진의 안전경영 의지를 각인시켜야 한다.

둘째로 관리감독자는 작업현장에서 오랫동안 업무를 수행하면서 작업현장에서 설비의 위험요인과 근로자의 불안전한 작업방법에 대해 가장 많이 파악하고 있다. 안전관리 업무를 주도적으로 수행하기 위하여 필요 시 수시로 안전회의를 개최하여 사업장 안전점검 시 불안전한 요인을 즉시 개선 조치하고 생산업무 지시를 할 때에 안전한 작업을 할 수 있도록 교육훈련을 실시하고 그 이행 여부를 확인하여 안전하게 작업이 진행되도록 하여야 한다.

셋째로 근로자는 사업주나 관리감독자가 이행하는 안전보건에 대한 조치의무사항을 준수하여야 한다. 안전교육 시 적극 참여하여 안전의식을 고취하고 작업 전후에 안전점검을 실시하여 위험요인에 대하여 개선조치를 요구하여야 한다. 또한 불안전한 작업환경이나 작업방법에 대해 적극적으로 개선하는 등 평상시 안전한 작업습관을 생활화하여야 한다.

3. 지도하는 능력

　　인간이 인간을 지도하는 것은 매우 힘들고 어려운 일로 잘못 지도하면 오해를 받는 경우가 많다. 그렇기 때문에 관리자는 근로자를 지도할 때 상대방의 감정을 배려하면서도 자신의 뜻을 정확하게 전달하여 목적을 달성하는 것이 중요하다.

　　H그룹 회장의 임원선발 방식에서 보면 평상시에 철저한 자기관리가 얼마나 중요한지를 알 수 있다.

　　"회장님은 직원이 병원에 입원하거나 사망이라도 하면 해당 부서장을 호출합니다. 그리고 지갑에서 현금을 전부 꺼내주면서 직원을 격려하라고 말합니다. 비록 금액을 세어보지는 않지만 다 알고는 있습니다. 현금을 받은 부서장들의 행동은 대부분 똑같았다고 합니다. 비서실장에게 '어제 회장님이 주신 돈으로 가족을 격려하고 장례까지 잘 마쳤습니다.'라고 부서장들은 보고했습니다."

"그런데 일부 부서장의 보고는 좀 달랐다고 합니다. '어제 회장님이 450만원을 주셨는데, 병원비에 300만원, 장례비에 95만원을 지원하고 55만원이 남았습니다.'라고 말하며 영수증과 함께 남은 돈을 반납하기까지 했던 것이죠. 비서실장은 전달받은 그대로 회장님께 보고를 드리죠. 그러면 회장님은 '그 친구 참 철저하구만.'하고 말하며 그저 웃을 뿐이었습니다. 하지만 임원 승진후보의 1차 과정이 통과되는 순간이었죠. 격려금 전달이라는 작은 일 처리로 회장님은 그 사람의 신뢰도를 측정했던 것입니다."

"물론 회장의 마음속에는 '철저한 사람'으로 신뢰를 얻은 사람이 한두 명이 아니었을 것입니다. 따라서 누가 다음에 임원으로 승진을 하느냐는 것은 당연히 알 수 없는 일이었죠. 그런데 조금 이상했던 것은, 임원 승진심사 때가 되면 그렇게 신뢰를 얻어 1차 관문에 통과된 사람들을 거의 탈락시킨다는 점이었습니다. 그리고 3개월쯤 지난 후에 '그 사람 요즘 어찌 지내? 한번 알아봐.' 하고 지시를 내리시는 거죠.

"비서실에서 비밀리에 알아보면 승진에 탈락한 사람들의 반응은 보통 두 가지였습니다. 불만을 갖는 사람과 그렇지 않은 사람입니다. 이를 조사한 후에 '김 부장은 전혀 불만 없이 활기차게 직원들을 이끌고 있습니다.'라고 보고를 드리면, 회장님은 '그래?' 하고 말했습니다. 그것이 바로 임원 승진의 2차 관문이었던 것입니다."

"그런데 더욱 이상했던 것은, 그렇게 2차 관문을 통과한 사람을 다시, 모든 직원들이 싫어하는 한직이나 기피부서 예컨대 시리아 건설현장 같은 곳으로 발령을 낸다는 점이었습니다. 그런 회장님을 바라보며 참으로 속을 알 수 없다고 생각했었죠."

"그리고 1년쯤 지나면 회장님은 다시 묻습니다. '거, 시리아로 간 김 부장은 요즘 어찌 지내? 비공개로 알아봐.' 하고 말이죠. '김 부장은 현지에서 불만의 소리가 전혀 없으며 직원들과 관계도 좋고 업무 성과도 좋습니다.'라고 보고를 드리면, '그래, 그럼 다음 승진심사에 상무로 발령 내고 본사로 불러들여.'하고 말하는 것이었습니다. 3차 관문까지 통과하여 진정으로 회장님이 신임하는 임원이 되는 순간이었습니다."[7]

H그룹 회장이 직원들에게 현금을 맡겨보고 승진에서 탈락시켜 보고 기피부서로 발령을 내보는 것은 인재를 훈련시키고 단련해 가는 과정이다. 작은 일에 충성하는 자는 큰일에도 충성할 것이라는 생각에서 큰일을 맡기기 전에 작은 일을 맡겨보고 어떻게 처리하는가를 본 것이다. 우리나라의 청년들이 학교를 졸업하고 직장에 처음 들어가면 대부분은 실망하게 된다고 한다. 맡겨진 일이 자신이 기대하던 것과 크게 차이가 있기 때문이다. 전략기획실이나 해외법인 등에 발령을 받아 머리를 쓰며 일할 것이라 기대한 것과 다르게, 자신 앞에 놓인 현실은 너무 단순하거나 반복적인 일들뿐이었던 것이다.

복사를 해오거나 상사가 고쳐준 그대로 보고서를 수정하는 일을 하면서 "내가 이런 일을 하려고 대학을 나온 줄 아느냐"고 불평들을 한다는 것이다.

물론, 이러한 불평을 하는 사람들의 주장을 반드시 틀

렸다고 단언할 수는 없다. 하지만 분명한 것은 작은 일에 최선을 다하지 않는 사람에게 조직은 더 큰 일을 맡기지 않는다는 점이다.[8]

미국의 국무장관을 지냈던 '콜린 파월'은 말했다.

"모든 일은 나름의 가치가 있다. 어떤 일이나 최선을 다하라. 누군가는 나를 지켜보고 있다는 사실을 염두에 두라."
  - 콜린 파월

제나라에 안영이라는 재상이 있었는데, 그는 백성을 자기 몸보다도 더 아끼고 근검절약하며 아부를 모르는 강직한 성품으로 어진 정치를 한 재상으로 평가받는다. 안영을 흔히 '안자'라고 하는데, 공자와 맹자처럼 그가 성인의 반열에 올랐다는 것을 알 수 있다. 검소하고 겸손했던 그의 이야기는 '안자지어(晏子之御)', '안영호구(晏嬰狐裘)'와 같은 유명한 말들을 만들어 내어 후세에도 귀감이 되었다.

안영이 가진 능력 중 가장 뛰어난 것은 상대방의 마음을 상하지 않게 하면서 옳은 행동을 하게 만드는 말솜씨였다.

어느 날 말을 관리하는 마구간지기가 실수로 임금이 매우 아끼는 말을 죽게 만들었다.

경공은 자신이 아끼고 좋아하던 말이 죽었다는 소식을 듣고 매우 화가 나서 당장 마구간지기를 처형하라고 명령했다.

그러자 재상 '안영'은 왕에게 말했다.

"그를 당장 죽이는 것보다는 그가 왜 죽어야 하는지 그 죄를 명백하게 밝히는 것이 먼저일 듯합니다."

경공은 안영의 말을 듣고 그러자고 했다.

잠시 뒤 안영은 마구간지기를 불러 경공 앞에 무릎을 꿇게 하고는 그를 다그쳤다.

"네 이놈! 지금부터 네가 죽어야 마땅한 죄 세 가지를 알려 주겠다. 첫째로 너는 말을 관리하는 일을 게을리해서 임금이 아끼는 말을 죽게 한 것이다. 둘째로 말 한 마리 때문에 너를 죽임으로 인하여 임금께서는 백성들에게 욕을 먹게 될 것이다. 셋째로 이 사실을 주변국에서 알게 되면 역시 임금께서 욕을 먹게 될 것이다. 이 세 가지 때문에 너는 죽어 마땅하다. 이래도 네가 잘못이 없다고 할 수 있느냐?"

마구간지기에게 안영은 이렇게 말하고는 신하들에게 당장 이자를 끌어내어 처형하라고 소리쳤다. 조용히 안영의 말을 듣던 왕은 그제야 곰곰이 생각하며 치솟는 화를 억제하고는 "과연 재상의 말대로 말 한 마리 잃었다고 사람을 죽이면 백성들은 나를 어떻게 보겠는가. 마구간지기를 처벌한다고 해서 죽은 말이 살아 돌아올 것도 아니잖은가?"라고 말하며 마구간지기를 풀어 주라고 명하였다고 한다.[9]

우회적으로 돌려 말함으로써 안영은 임금 스스로 깨닫고 바른 결정을 내리도록 한 것이다. 안전교육을 할 때에는 안전지식을 전달하는 교육도 중요하지만 사례 중심이나 역사적인 사실 등을 인용하여 교육생 스스로가 깨닫고 마음속 깊이 오래도록 간직할 수 있도록 하는 것이 중요하다.

안전담당 부서에서 근무하는 안전관리자는 사명감을 가지고 근무하고 있지만 일부는 순환보직이라 어쩔 수 없이 근무하고 있다면서 소극적으로 행동하는 것을 보면 안타깝다. 매사에 적극적이고 창의적으로 근무해야 재해예방은 물론 그에 상응하는 보상을 받게 되는 것이다.

삼성을 창업한 고(故) 이병철 회장은 아들인 고(故) 이건희 회장이 삼성에 입사한 첫날 '경청(傾聽)'이라는 휘호를 선물로 주었다고 한다. 사전적 의미로 경청이란 '귀를 기울여 듣는다.'는 뜻으로 고 이병철 회장이 가장 중요하게 여기던 지도자의 덕목 중 하나였다. 항상 높은 위치에 있는 지도자가 경계해야 할 것은 교만함이고, 늘 중시해야 할 것은 겸손함이라는 것이다.

　　고 이병철 회장은 '경청'과 함께 '목계지덕(木鷄之德)'을 강조했다고 한다. 목계(木鷄)는 나무로 만든 닭이라는 뜻으로, 목계지덕이란 『장자』 「달생」 편에 나오는 것으로 나무로 만든 닭처럼 완전히 자신의 감정을 제어할 줄 아는 능력을 말한다.

목계지덕(木鷄之德)

투계를 몹시 좋아했던 중국 주나라 선왕의 이야기다. 선왕은 뛰어난 싸움닭을 구해 기성자(杞渻子)라는 당시 최고의 투계조련사에게 훈련을 맡겼다. 맡긴 지 열흘이 지난 뒤 선왕이 기성자에게 "닭이 싸우기에 충분한가?" 하고 물었다. 그러자 기성자는 "아직 멀었습니다. 닭이 강하긴 하나 교만하여 아직 자신이 최고인 줄 알고 있습니다. 그 교만을 떨치지 않는 한 최고가 될 수는 없습니다."라고 답하는 것이었다.

선왕은 속으로 생각했다. '겉으로 강하고 용맹한 기운을 내뿜으면 싸움닭으로서는 최고의 덕목인데, 이자가 조련을 게을리하고서는 지금 나에게 거짓 변명을 늘어놓는 것은 아닐까.' 하지만 이왕 그에게 조련을 맡겨 놓았으니 조금만 더 믿고 기다려 보기로 했다.

다시 열흘이 지나고 선왕이 물었을 때 기성자는 대답했다. "아직 멀었습니다. 조급함은 버렸으나 상대방을 노려보는 눈초리가 너무 공격적입니다. 상대방의 소리나 그림자만 보고도 덤비려고만 합니다." 이번에는 투계에 나설 수 있을 것이라고 잔뜩 기대하고 있던 선왕은 말을 잃을 수밖에 없었다. 궁궐로 돌아와 다시 생각해보아도 기성자의 말을 이해할 수 없었다. 며칠이 지나니 그가 너무 괘씸해졌고 선왕은 군사를 불러 이번에도 또다시 변명을 늘어놓으며 준비가 되어있지 않다고 말한다면 즉시 목을 베어 버리리라고 다짐했다.

"이제는 준비가 되었는가?" 다시 열흘이 지났을 때, 선왕이 비장한 목소리로 기성자에게 물었다. 그러자 기성자가 답하기를,

"이제는 거의 다 되었습니다. 비록 다른 닭이 울며 덤벼도 조금도 그 모양새를 바꾸지 않고 변화가 거의 없습니다. 그 닭을 바라보노라면 마치 나무로 깎아 만든 닭처럼 보입니다. 완전히 마음의 평정을 찾았습니다. 이제 상대가

바라보기만 해도 감히 주제넘게 덤비지 못하고 도리어 달아나 버릴 것입니다."

그리고 완벽하게 조련된 싸움닭을 선왕에게 보여주었다. 자신이 제일이라는 교만함을 버리고 남의 소리와 위협에 쉽게 반응하지 않으며 상대방에 대한 공격적인 눈초리를 버린 목계(木鷄)의 모습이었다.[10]

바라보기에 마치 목계와 같아서, 그 덕이 올바르고 어떤 돌발적인 경우에도 항상 평정심을 유지하는 지도자의 자질을 말할 때 '목계지덕'이라는 말을 종종 인용하게 된다.

고 이병철 회장뿐만 아니라 롯데그룹 신동빈 회장도 목계지덕을 중시했다고 한다. 계열사 대표이사로 선임된 임원들에게 항상 목계인형을 선물하며 교만함과 조급함을 경계하고 평정심과 인내심으로 상대에 대한 공격심보다 유연함을 가지도록 강조했다. 롯데그룹의 신동빈 회장은 아무리 화가 나도 소리를 지르거나 흥분하는 일이 없으며 오히려 화가 많이 날 때는 목소리가 더욱 작아진다고 한다.

경영뿐만이 아니라 안전에 있어서도 평정심을 유지하는 것은 상당히 중요하다. 작업자의 불안전한 자세동작으로 인해 상해가 발생될 우려가 커지기 때문이다. 어떠한 상황에서도 침착하게 안전한 상태를 유지할 필요가 있다. 고 이병철 회장이 목계지덕과 함께 중요하게 여겼다는 '경청'의 자세는 안전에 있어서도 빼놓을 수 없는 중요한 덕목이라고 할 수 있을 것이다. 위험을 감지하고 충고나 조언을 하는 관리자의 말을 귀 기울여 들었을 때, 사고를 예방하고 안전을 확보할 수 있게 되는 것이다.

산업현장에서 어떠한 문제가 발생하면 당황하여 사태를 악화시키는 경우가 많은데 그럴수록 초조해하거나 조급해하지 말고 침착하고 차분하게 사태를 수습하는 지혜가 필요하다.

사업주나 관리자는 근로자의 불안전한 행동을 보고 다급해서 화를 내거나 평정심을 잃지 말고 한 템포 늦춰서 역지사지의 심정으로 원인을 분석하고 그에 대한 대비책을 제시하여 근로자가 스스로 깨달을 수 있도록 하는 것이 매우 중요하다.

4. 솔선수범을 통한 리더십

　인간관계에 있어서 가장 중요한 것은 사람과 사람 사이에 서로 도와 가면서 살 수 있는 방법을 터득하고 관리하는 방법이다. 공자는 '근자열 원자래(近者說 遠者來)'라고 하여 "가까이 있는 사람을 기쁘게 하면 멀리 있는 사람이 찾아온다."고 하였다.
　관리자는 가까운 사람들을 기쁘게 만들면 주변의 다른 부서에 있는 직원들이 함께 근무하고 싶어 하고 해당 부서는 모든 업무에서 직원들이 스스로 업무를 하기 때문에 우수한 실적을 낼 수가 있는 것이다.
　요즘 섬김의 리더십을 말하는 사람들이 있는데 예수님께

서도 제자들의 발을 씻겨 주었다고 한다.

관리자는 항상 겸손하고 솔선수범하여야 한다. 다른 사람을 위해 봉사하는 마음으로 근로자와 조직을 생각하고 그들의 욕구를 충족시키기 위해 자신을 희생함으로써 직원들 위에 군림하고 지배하는 관리자가 아니라 섬기고 봉사하는 지도자가 되어야 한다.

상사가 부하직원을 섬기는 마음을 갖고 솔선수범하면 구성원들은 창의력을 발휘하고 모든 업무에 자발적이고 적극적으로 업무를 추진하는 동기를 부여받을 수 있다.

근자열 원자래 (近者說 遠者來)

2500년 전, 중국 춘추시대 초나라에는 '섭공(葉公)'이라는 제후가 있었다. 이 나라의 백성들은 날마다 국경을 넘어 다른 나라로 떠나니 인구가 줄어들고 세수가 줄어들어 큰 걱정이 아닐 수 없었다.

초조해진 섭공이 공자에게 물었다. "선생님, 날마다 백성들이 도망가니, 천리장성을 쌓아서 막을까요?"

잠시 생각하던 공자는, 다음과 같은 말을 남기고 떠났다. '근자열 원자래'라는 여섯 글자였다.[11]

"가까이 있는 사람을 기쁘게 하면, 멀리 있는 사람

이 찾아오게 되는 것이다."

— 근자열 원자래 *(近者說 遠者來)*

　가까이 있는 사람은 자기 나라 백성을 말하고 멀리 있는 사람은 다른 나라 백성을 말한다.
　정치를 잘하면 자기 나라 백성들이 기뻐할 것이요, 그 소문이 다른 나라에 들리면 너도나도 훌륭한 통치자 밑에 있기를 원하며 찾아올 것이라는 말이다.
　현대사회에서는 직장 상사가 부하직원이나 주위 동료들과의 관계에서 자기 자신의 영향력 아래에 있는 모든 사람들이 가까운 사람이라고 생각하면 된다.
　자기와 가까운 사람들의 잘못된 문제에 대해 책임은 윗사람이 지고 공은 아랫사람한테 넘기면 직원들은 창의력을 가지고 소신껏 업무를 수행할 수가 있다.
　또한 주변에서 책임자에 대해 좋은 평이 나면 직원들이 서로 같이 근무하기를 바라는 것이다. 집토끼한테 잘하면 산토끼가 집으로 온다는 말이 있듯이 주변에 있는 직원, 동료, 가족들한테 잘하는 것이 자기 자신을 위하는 것이다.

온량공검양(溫良恭儉讓)

공자의 인격적인 특성을 다섯 가지로 이야기할 수 있는데 그것은 온량공검양(溫良恭儉讓)의 인품을 갖고 있기 때문에 공자에게 지혜를 구하는 사람이 많았다.

첫째, 온(溫)은 따뜻하고 온화한 마음을 말한다. 강한 카리스마보다는 마음이 따뜻하고 부드러운 사람에게는 마음을 터놓고 진지하게 대화할 수 있는 분위기를 만들어 주면 상대방의 내면에 있는 속마음을 터놓고 진실된 대화가 이루어진다.

둘째, 량(良)은 정직하고 어진 마음을 말한다. 투명하고 정직하게 운영하여 내부직원을 만족시키면 외부고객도 만족하게 되는 것이다. 기본에 충실하고 신뢰를 바탕으로 직원을 편안한 상태에서 근무할 수 있도록 하는 것이다.

셋째, 공(恭)은 상대를 공경하는 것을 말한다. 상대하는 사람을 직위의 높고 낮음이나, 권력의 유무나, 돈이 많고 적음이나, 나이가 많고 적음을 따지지 말아야 한다. 누구를 만나던 항상 상대방을 공경하고 겸손하게 자신을 낮추면서도 비굴하지 않고 당당하게 예의를 갖추고 소중하게 여기는 마음 자세가 필요하다.

넷째, 검(儉)은 항상 검소한 생활을 실천하는 것을 말한다. 직원들은 항상 직장 상사에 대해 관심을 가지고 지켜보고 있다. 본인은 사무실 경비를 함부로 지출하고 사용하면서 직원들에게는 경비를 절감하라고 말하면, 결국 직원들은 상사를 믿고 따르지 않게 된다.

다섯째, 양(讓)은 상대방을 배려하고 양보하는 것을 말한다. 상대방을 칭찬하고 높여주는 것은 자신감과 겸손에서 오는 것이며, 그로 인하여 주변 사람들이 그를 존경하게 되는 것이다. 양보하고 배려하는 마음은 가까이에 있는 사람을 기쁘고 행복하게 만든다.

자기 분야에 전문성을 갖고 있는 사람이 '온량공검양'

의 리더십을 갖추고 있으면 함께하는 모든 사람들을 기쁘게 할 것이다.[12]

필자의 은사님이신 이영순 교수님은 서울과학기술대학교 공대학장을 역임하시고 안전보건공단 이사장을 역임하셨다. 우리나라 안전 분야에서 독보적인 분이신데, 공자의 인격인 '온량공검양(溫良恭儉讓)'을 모두 갖추신 분이라고 주위에 정평이 나신 분이다. 필자가 진단부에서 근무할 때인 1985년에 처음 뵈었는데 너무 온화하시고 많이 베푸시고 제자뿐만 아니라 모든 사람에게 깍듯하게 예의를 갖추시고 검소한 생활과 상대방을 배려하고 양보하시면서도 실력까지 갖추고 계셔서 늘 모범이 되어주셨다.

관리자는 '근자열 원자래(近者說 遠者來)'의 뜻을 직시하고 공자가 말한 리더가 갖추어야 할 다섯 가지를 염두에 두고 실천한다면 화목한 가정, 직장, 주변 사람들과 원만하고 즐거운 생활을 할 수 있을 것이다.

첫째, 사람들에게 은혜를 베풀지만 낭비함이 없어야 한다.
둘째, 사람들에게 일을 시키면서 원망을 사는 일이 없어야 한다.

셋째, 마땅히 목표 실현을 추구하되 개인적인 탐욕을 부려서는 안 된다.

넷째, 어떤 상황에서도 태연함을 잃지 않되 교만하면 안 된다.

다섯째, 위엄은 있되 모질게 하지 않아야 한다.

- 리더가 갖추어야 할 다섯 가지 미덕(공자)[13]

통나무를 함께 들다

미국의 조지 워싱턴 장군의 부하를 사랑하고 솔선수범한 사례를 보면 그가 얼마나 훌륭한 군인이었는지를 알 수 있다.

워싱턴 장군이 총사령관으로 있을 때의 일이다. 말을 타고 길을 가다가 사병들이 통나무를 운반하는 모습을 본 그는 가던 길을 멈추고 작업감독자에게 다가갔다.

"상사님 당신은 왜 병사들과 함께 통나무를 운반하지 않습니까?"

그가 묻자 작업감독자가 대답했다.

"나는 이 사병들을 감독하는 상관이니까요."라고 대답

했다.

이에 워싱턴은 말없이 말에서 내리더니 상의를 벗고 사병들과 함께 열심히 통나무를 나르기 시작했다.

일이 끝나자 그는 서둘러 가던 길을 재촉하며 작업감독자에게 말했다.

"상사! 앞으로 통나무를 운반할 일이 있으면 총사령관을 부르게!"

그리고 그는 말을 타고 유유히 그곳을 떠났다. 병사들은 그때가 되어서야 자신들과 함께 통나무를 운반한 사람이 총사령관인 워싱턴 장군임을 알았다고 한다.[14]

진정한 관리자는 말로만 하는 것이 아니라 행동으로 솔선수범하는 것이라는 사실을 몸소 보여준 좋은 사례이다. 리더의 가장 훌륭한 덕목 중 하나는 바로 솔선수범하는 것이기 때문이다.

리더의 네 가지 유형

독일 바이마르공화국에서 참모총장을 지낸 '함머슈타인' 장군이 1933년에 출판한 그의 저서 『지휘교범』에서는 리더를 네 가지 유형으로 나누어 설명하였다.

첫 번째는 '똑똑하며 게으른' 유형이다. 탁월한 업무능력을 가지고 신중하며 명확한 업무지시를 하는 유형으로, 자신에게 위임된 일에 대하여 탁월하게 업무를 수행하고, 후배들의 성장과 발전을 도와주기 때문에 후배들이 가장 선호하는 유형이다.

두 번째로는 '똑똑하고 부지런한' 유형이다. 모든 일을 완벽하며 신속하게 처리하는 등 업무능력이 뛰어나고 부지런하지만, 후배에게 간섭이 심하고 치밀하지 못하여 실수를 많이 범하기 때문에 고급 참모가 적합한 유형이다.

세 번째로는 '멍청하고 게으른' 유형으로, 전 세계 군대의 90%가 여기 속한다고 할 수 있다. 정해진 일만 하기 때문에 업무능력이 떨어지고 무사안일한 사람으로서 정신적으로나 육체적으로 스트레스를 전혀 받지 않는 사람이다.

네 번째로는 '멍청하면서 부지런한' 유형이다. 업무능력은 형편없으면서 부지런하게 일을 저질러 놓고 보는 사람이다. 업무의 내용을 파악하지 못하고 일을 벌이며, 아무리 열심히 일해도 성과를 기대하기는커녕 후배들에게 수시로 업무를 변경하여 지시하기 때문에 모든 사람들이 기피하는 유형인데, 하루속히 조직에서 제거되어야 할 인물 유형이라고 할 수 있다.[15]

사람을 관리함에 있어 워싱턴처럼 솔선수범하고 실천하는 리더로서의 역할을 견지하고 주변 참모의 의견을 경청하며 신중하게 결정하고 업무를 지시한다면, 가장 유능한 관리자가 되어 회사에서 필요로 하는 역할을 수행할 수 있을 것이다.

『논어』에 '세한연후 지송백지후조야(歲寒然後 知松柏之後凋

也)'라고 하여 "날씨가 추워진 후에야 소나무와 잣나무가 늦게 시든다는 것을 알 수 있다."는 뜻을 전하고 있다.

한여름에는 산에 나무들이 많이 푸르기 때문에 소나무와 잣나무가 푸른 것을 모르지만, 겨울이 되어 다른 나무들이 모두 시들고 나면, 그때야 소나무와 잣나무가 푸르다는 것을 알게 된다는 말이다.

환경이 좋은 여름에는 한껏 자신을 뽐내던 나무들이 환경이 안 좋은 겨울이 되면 살기 위해서 낙엽을 모두 버리듯이, 성공하고 회사에서 좋은 보직에 있을 때는 찾아오는 사람이 많지만, 어려울 때에 찾아오는 사람은 몇 명 안되는 것과 같은 이치다.

나는 젊은 시절 패기만 믿고 지혜롭지 못하게 생활하였던 것 같다. "아낌없이 직언을 하라."는 직장상사의 말을 액면 그대로 믿고 너무 솔직하게 직언을 했다. 그로 인하여 한직으로 좌천되는 등 많은 어려움을 당하기도 하였다.

필자가 경영 전반을 책임지고 있을 때에는 그렇게 친절하게 잘하던 직원들이 한직으로 좌천되자 하루아침에 돌변했던 것이다. 그래서 마음을 굳게 먹고 '세네카'가 유배지에서 8년 동안 술을 먹지 않으며 건강도 회복하고 독서를 통하여 그 후에는 철학자로 대변신하였듯이 나도 술을 먹지 않고 자주 도서관을 찾아 책을 읽었다. 새벽 5시에 일어나서 아침마다 달리기를 하며 체력을 보강했고 카네기의 『인간관계론』에 나오는 멕시코의 전쟁 영웅이며 대통령까지 지낸 오브레곤 장군의 생활신조를 마음속으로 되새겼다.

"적을 두려워하지 말고 감언으로 아첨하는 벗을 두려워해라."

이 말이 지금도 머릿속에서 떠나지를 않는다.

현직에 있어도 이렇게 나를 대하는데 퇴직하고 나면 이 친구들이 나를 어떻게 대할까 생각하니, 오히려 이것이 나한테는 좋은 계기라고 생각되었다. 스트레스는 누가 나한테 주는 것이 아니고 내가 스스로 받는 것이라고 하였듯이 이 정도에 내가 좌절할 수 없다고 생각하고 긍정적인 생각을 갖고 지방 근무를 즐겼다.

그러던 어느 날 평상시에 나와 별로 교류가 없었던 직원이 찾아와서 자기 차에 타라고 하는 것이었다. 그래서 말없이 탔더니, 계곡의 밤나무 밑에 넓은 평상이 있는 식당으로 나를 안내하였다. 그곳에서 대뜸 매운탕을 시키더니 술을 한잔하자고 했다.

술 끊었다고 했더니, 서운해 하는 것 같아서 맥주 한 병을 함께 마시고 식사를 하는데, 그 친구는 "스트레스 받지 말고 건강하게 잘 지내세요."라고 말했다.

지나고 보니 정말 고마운 친구다. 내가 힘들 때 찾아와서 위로해준 친구. 내가 힘들지 않았다면 아마도 소나무처럼 푸르다는 것을 알지 못했을 친구. 시간이 흐른 뒤에 고마운 마음을 작게나마 표현했다.

추사 김정희 선생은 명문 집안에서 태어나 병조참판 벼슬까지 올랐지만 당파싸움으로 인하여 55세인 1840년에 제주도로 귀양을 가서 9년 동안 생활했다고 한다. 그곳에서 추사체를 완성시키고 국보 180호로 지정된 세한도를 그렸다.

그가 귀양살이하는 동안에는 불이익을 받을까봐 아무도 그에게 찾아오는 사람이 없었다. 오직 그의 제자인 이상적만이 그를 자주 찾아왔으며, 귀한 책을 구해서 전해주곤 했다. 항상 자신을 잊지 않고 찾아오는 제자에게 고마운 마음을 전하기 위해 유배 5년째인 1844년에 세한도를 그려 선물로 주었다. 세한도는 그렇게 완성되었던 것이다.[16]

사람이 높은 자리에 있거나 잘나갈 때는 주변에 사람들이 많이 모이기 때문에 그 사람의 진가를 알 수가 없지만 어려움을 당했을 때 비로소 사람의 진가를 알 수가 있다.

　우리는 세한도에서 말하는 것처럼 아무리 어려움에 직면해도 소나무와 잣나무처럼 끝까지 잊지 않고 우리 곁에서 응원해주고 찾아주는 사람이 있다는 것을 가슴 깊이 새겨야 할 것이다.

　안전관리자는 사업장에서 보면 소나무와 잣나무가 아닐까 생각한다. 평상시에는 낙엽송에 가려서 그 진가를 모르지만 회사나 근로자가 어려움에 처했을 때 끝까지 남아서 어려움을 극복하기 위해 최선을 다하는 모습이 세한도의 의미를 되새기게 한다.

　마지막으로 카론다스Charondas의 이야기를 소개하고자 한다. 그는 고대 이탈리아의 입법자다. 특히 엄격한 법체계를 만든 것으로 악명이 높다. 법 개정을 제안하려면 목에 밧줄을 매고 찬반투표가 끝날 때까지 기다려야 했고 부결되면 즉각 사형이 집행되었다. 개정은 꿈도 꾸지 말라는 것이었는데, 당시에 법은 사람 위에 존재했기 때문이다.

　법 내용 중에는 공공장소에 칼을 갖고 가지 못한다는 조항도 있었다. 하루는 입법자인 카론다스 자신이 여행에서 돌아오는 길로 곧장 민회에 참석했는데, 깜빡 잊고 칼을 찬 채로 입장했다. "너 자신이 법을 어겼다"는 비난이 쏟아져 나왔다. 너무 엄격한 법에 허덕이던 사람들은 그 참에 법을 무력화하고 싶었는지도 모른다.

카론다스는 당황하지 않고 냉정하게 말했다.

"나는 내 법을 지키겠소." 그리고 갖고 있던 칼을 뽑아 스스로 목숨을 끊었다.

카론다스는 자신이 법을 만든 사람일지라도 예외가 있어서는 안 된다고 생각했다.[17]

산업현장에서는 산업안전보건법을 가지고 안전관리 업무에 대해 규제하고 감독하고 있으며, 사업주나 관리자는 이를 준수하려고 노력하고 있다. 그러나 어떻게든 법을 피해 나가려고 갖은 방법으로 편법을 쓰는 사람들을 보면 안타까운 생각이 든다.

법이 있으면 철저히 준수해야 하고 회사에 사규가 있으면 이를 준수하여야 함에도 불구하고 수시로 법이나 규정을 개정해서 자기 마음대로 하려고 하는 편리성만 주장하다 보면 그로 인한 폐단은 이루 말할 수 없다.

5. 개선하는 능력

　　1984년도에 안전진단을 다니면서 가장 감명 깊었던 회사가 있었다. 그 회사는 사업주의 사고방식이 당시로서는 아주 획기적이었다.

　　기업체 방문을 앞두고 "동종업종의 평균 재해율보다 재해가 많이 발생되어 '재해다발사업장'으로 안전진단을 실시해야 하니 방문하겠습니다."라고 전화를 했더니 예상 밖의 답변을 주었다.

　　"회사에 언제까지 있을 것입니까? 점심 식사는 어떻게 할 생각이십니까?" 하고 물어보는 것이었다.

　　"오늘 하루 정도가 소요되고 점심은 별도로 할 테니 신경

쓰시지 않아도 됩니다."라고 하였더니 담당자는 "그러면 구내식당에서 점심 식사를 하시죠."하고 말하는 것이었다.

그렇게 하겠다고 대답하고는 회사를 방문해서 사업주에게 안전진단에 대하여 설명을 하였더니, 사업주의 말이 감동적이었다. 재해다발 사업장이라는 공문을 받고 사고원인을 분석해 보았는데 몇 가지 원인을 찾아 나름대로 개선했다는 것이다.

첫 번째는, 안전화를 쾌적하게 사용할 수 있는 환경을 만들어주었다고 한다. 중량물을 취급하는 회사라 발가락을 다치는 재해가 많이 발생했었는데, 그 원인은 6개월에 한 번씩 안전화를 지급했기 때문이었다. 겨울에 안전화가 땀에 젖게 되면 운동화로 대체해서 일을 했기 때문에 재해가 많았다는 것이다. 그래서 지급기준에 관계없이 수시로 안전화를 교환해주고, 안전화 건조실을 만들어서 퇴근할 때는 그곳에 안전화를 넣어 건조시키도록 했다는 것이다.

두 번째는, 근무복을 세탁할 수 있는 자체 세탁소를 운영했다고 한다. 근무복에 기름과 오물이 묻는 것이 싫어서 중량물을 몸에 밀착시키지 않고 작업했기 때문에 요통재해가 많이 발생하게 되었다. 근무복을 집에 가져가서 세탁했기 때문에 아내에게 더러운 근무복을 보여주기 싫을 수밖에 없었던 것이다. 자체 세탁소를 운영하게 되면서부터는 저녁에 근무복을 이름표대로 보관하기만 하면, 아침에 와서 깨끗한 옷으로 갈아입을 수 있게 되었다고 한다.

세 번째는, 접대문화를 개선했다고 한다. 그동안 구내식당 운영비와 외부인 접대를 위한 식대가 거의 동일한 수준이었다. 다시 말해서, 구내식당에서 외부인을 접대하지 않고 밖으로 많이 나갔다는 것이다. 그래서 이를 개선하기 위해 식당 운영비에 외부접대비를 포함하도록 하고, 외부인에게도 구내식당을 이용하도록 제도를 개선해서 운영한 것이다. 해외 바이어들도 구내에서 식사를 하며, 매우 좋은 식사를 하니 놀라운 반응을 보였다. 그들을 접대하는 임무를 맡은 직원들도 이에 대하여 불만이 사라졌다고 한다.

우리에게 구내식당에서 식사하고 가라고 했던 것도 점심식사 인원을 파악하여 식자재를 구입하기 위함이라고 한다. 어떤 식당보다도 훨씬 좋은 식단을 제공하니 직원들은 이에 대하여 불만이 없었다.

"해외에서 회사의 제품을 구입하기 위해 바이어가 국내에 오면 기업들에서는 이들에게 접대를 하여 구매를 성사시키는데, 그렇게 하면 처음에는 성사가 될지 모르지만 제품가격을 올릴 수밖에 없고, 그것은 결국 품질저하로 이어지기 때문에 재구매가 이루어지지 않는 것입니다. 해외 바이어를 접대할 시간에 제품의 품질을 좋게 만들고 가격을 현실성 있게 한다면, 결국 품질과 가격에 만족한 그들이 필요에 의해서 스스로 찾아오게 될 것입니다. 뿐만 아니라, 직원들을 위하는 것이 제품의 경쟁력을 강화시키는 것이라고 생각했습니다."라고 대표이사께서 말씀하는 것을 보고 공감하게 되었다.

위에서 예로 든 것처럼, 불안전한 요소를 정확하게 파악하고 개선하는 것은 안전사고를 예방하고 제품의 품질 향상에도 기여하기 때문에 관리자에게 매우 중요한 덕목이다. 다음에 소개하는 손숙오와 세네카의 이야기는 관리자가 모든 일에 긍정적으로 대응하는 방법에 대한 좋은 사례가 될 것이다.

손숙오(孫叔敖)의 이야기

손숙오는 중국 초나라의 유명한 정치인이다. 어느 날 누군가가 그에게 물었다.

"선생님은 세 번이나 높은 관직에 올라도 영광스럽게 생각하지 않더니, 세 번이나 벼슬에서 쫓겨나도 걱정하는 빛이 없네요. 처음에는 감정을 숨긴다고 생각했는데, 지금 다시 봐도 마음이 편안해 보입니다. 도대체 어떻게 수양을 하신 건가요?"

그러자 손숙오는 아래와 같이 대답했다.

"무슨 특별한 방법이랄 게 있겠나. 나는 그저 부귀영화가 오면 오는 대로 받아들이고, 가면 가는 대로 잡을 수가 없다고 여길 뿐이라네. 자네는 행복이라는 것이 벼슬자리에 있다고 생각하는가, 아니면 나 자신에게 있다고 생각하는가? 그것이 벼슬자리에 있는 것이라면 나하고는 관계없는 것이고, 그게 나 자신에게 있는 것이라면 벼슬자리 하고는 관계가 없는 것 아니겠나. 나는 설렁설렁 다닐 뿐, 부귀영화에는 관심이 없네."

이렇게 손숙오는 벼슬에 나간다고 기뻐하지도 않았고 벼슬자리에서 쫓겨난다고 슬퍼하지도 않았다고 전한다.

『사기(史記)』에는 손숙오가 재상이 되고도 기뻐하지 않은 것은, 본인의 잘난 능력에 재상이 되는 걸 당연하게 여겼기 때문이고 재상 자리에서 물러나고도 슬퍼하지 않는 것은, 어차피 본인 잘못으로 쫓겨나는 게 아니라고 여겼기 때문이라고 설명하고 있다. 한마디로, 저 잘난 맛에 사는 사람이었던 것이다. '나처럼 잘난 놈을 재상 안 시키면 네 손해지' 하고 돌아서는 것이다.[18]

우리는 한직으로 발령받으면 서운해 하고 인사권자에게 원한을 품는 경우가 있는데 손숙오처럼 대범하게 행동하는 것이 본인은 물론 주위 사람 모두에게 이로운 일이 될 것이다.

세네카의 이야기

세네카Lucius Annaeus Seneca는 후기 스토아 철학을 대표하는 로마 시대의 정치가다.

스페인의 코르도바에 가면 두루마리를 말아 쥔 세네카의 동상을 만날 수 있다. 그곳이 그가 태어난 곳이다. 정계에 입문해서 권력자를 조롱하는 특유의 달변으로 인기를 얻었지만, 그로 인히어 두 가지 문제가 생겼다.

첫째는 예나 지금이나 인기가 좋아서 여기저기 불려나가 술 마실 일이 많았고, 둘째는 인기의 배경이 된 입담 때문에 권력자의 미움을 샀던 것이다.

그래서 결국 8년 동안의 유배생활을 하게 된 세네카는 두 가지의 교훈을 얻었다고 한다.

첫째는 유배지에서는 술 먹을 일이 없었기 때문에 술을 끊을 수 있었고 그로 인하여 건강을 되찾을 수 있었다. 뿐만 아니라 척박한 땅의 거친 음식인 보릿가루와 보릿가루로 만든 딱딱한 빵으로 인하여 건강식을 할 수 있었다.

둘째는 유배지에서 할 일이라고는 공부밖에 없었다. 그 덕분에 세네카는 로마를 대표하는 철학자로 거듭나게 되었다.[19]

"우리를 풍요롭게 만드는 것은 마음이다. 마음은 나와 함께 유배를 간다. 아무리 험한 곳에 있을지라도 몸은 살기 위해 필요한 것을 어떻게든 다 찾고 마음은 좋은 것을 즐기느라 충만하다."
– 세네카

필자도 조직을 위해서 직장 상사에게 직언을 많이 했고 그로 인해서 지방에 한직으로 1년간 좌천된 적이 있었다.

당시 나는 아침 5시에 기상하여 2시간씩 산악달리기를 하고 술도 끊었기 때문에 건강을 회복할 수 있었다. 사무실 앞에 있는 도서관에서 많은 책들을 빌려 읽었다. 그로 인하여 안전교육을 할 때에 인문학과 안전을 융합하여 강의를 할 수 있게 되었다. 안전교육의 질을 향상시켜 교육생들로부터 좋은 반응을 얻기도 했다.

광주지역본부장으로 근무하였을 때였다. 목포 대불산업단지와 군산산업단지는 조선 경기가 좋지 않아서 매우 힘든 시기였다. 이를 극복하기 위해 직원들과 개인별 성과관리를 실시하였다. 그 덕분에 가장 열악한 지역이었음에도 경영평가에서 대상을 받을 수 있었다. 이처럼 모든 일에 긍정적인 생각을 가지고 업무를 수행한다면 어떠한 일도 할 수가 있다고 나는 생각한다.

산업현장이 아무리 열악하고 작업조건이 불량하다고 하더라도, 손숙오와 세네카처럼 좋은 방향으로 생각하고 업무에 최선을 다한다면 안전한 작업현장을 만들 수 있을 것이다.

현장의 문제점을 개선하는 것과 자신의 현실적인 문제들을 개선하는 것은 결국 같은 일이다. 관리자는 이러한 개선하는 능력을 갖추어 스스로를 발전시키는 것은 물론, 안전사고를 예방해야 할 것이다.

다음은 토정 이지함과 선비에 대한 이야기로 자신의 운명을 바꾸는 방법에 대한 구체적 사례가 될 것이다.

토정 이지함과 선비 이야기

　조선 중기 학자이며 기인인 이지함 선생의 '호'는 토정(土亭)이다. 지금은 없어진 서울 마포나루 어귀에 토담집을 짓고 살았기 때문이다. 토정 선생은 어느 날, 천안 삼거리의 한 주막집에 머무르게 되었는데, 그곳에는 곧 있을 '과거'를 보기 위해 고향을 떠나온 젊은 선비들이 모여 있었다. 그들은 당대 큰 학자이신 토정 선생께서 같은 주막에 머무르고 계신다는 것을 알고 선생께 한 말씀을 청하고자 토정 선생이 계신 방을 찾아가 둘러앉았다. 그때 선생이 문득 그들 중에서 한 젊은 선비를 가리키며 말했다. "자네는 이번 과거에 급제할 운이 없으니, 서운하겠지만 그냥 고향으로 돌아가시게나." 하늘이 무너지는 청천벽력 같은 말에 아연해진 그 선비는 말없이 방을 나와 담벼락에 등을 기대고 쭈그리고 앉아 생각에 잠기게 되었다.

그때 수많은 개미 떼가 줄을 지어 앉아있는 자리 바로 앞을 지나고 있었고 그 뒤로도 많은 개미들이 줄을 지어 선두 개미를 따라오고 있는 것이 보였다. '도대체 이 개미들은 어디를 향해 이렇게 질서 정연하게 길을 가고 있는 것일까?' 선비는 호기심이 발동하여 몸을 일으켜 앞서가는 개미를 보기 위해 걸어가다가 선두 개미가 있는 곳으로부터 몇 발자국 떨어지지 않은 곳에 큰 항아리 하나가 놓여 있는 것을 보게 되었다. 그 항아리 안에는 물이 가득 차서 금방이라도 넘칠 듯이 찰랑거렸고, 곧 그 무게로 항아리가 기울어져, 이동하고 있는 저 많은 개미들이 다 죽게 될지도 모르겠다는 생각이 들었다. 선비는 황급히 뛰어가 항아리에 가득한 물을 도랑에 모두 쏟아버렸다. 그러고 나서 다시 개미 떼를 바라보니 그들은 아무 일도 없었다는 듯 열을 맞춰 가던 길을 계속 가고 있었다. 그때 어디선가 "자네, 거기서 무엇을 하는가?"라는 소리가 들렸다. 깜짝 놀라 돌아보니 토정 선생께서 다가오고 있는 것이 아닌가. "아니, 자네는 아까 방에서 내가 낙방할 운이니 고향으로 내려가라 한 바로 그 젊은이가 아닌가? 그런데 어찌 된 일인지 내가 조금 전에 자네에게 얘기를 할 때 본 상과 지금 보는 자네의 상이 완전히 다르니 도무지 영문을 모르겠구나. 얼굴에 광채가 나고 서기가 충천하니 과거에 급제를 하고도 남을 상인데, 도대체 그 사이에 무슨 일이 있었기에 이토록 관상이 바뀌었단 말인가?"

젊은 선비는 너무나 황당하여 어찌할 바를 몰라 했다. 토정 선생은 그를 향해 재차 물었다. "잠깐 사이에 자네의 상이 아주 귀한 상으로 바뀌었네. 분명히 무슨 일이 있었을 테니 내게 소상히 말을 해 보시게." 젊은 선비는 "아무런 일도 없었습니다만"이라고 이야기하려다 문득, 항아리를 옮긴 일이 생각나서 잠깐 사이에 일어난 일을 소상히 말했다. 전후 이야기를 다 듣고 난 토정 선생은 하늘을 우러러 바라보시며 말씀하시길, "수백, 수천의 죽을 생명을 살리었으니 하늘인들 어찌 감응이 없을 수 있겠는가! 자네는 이번 과거에 꼭 급제를 할 것이니 아까 내가 한 말은 마음에 두지 말고 얼른 한양에 올라가 시험을 치르시게." 과연 이 젊은 선비는 토정 선생의 말대로 과거에 응시하여 장원급제하였다고 한다.

누구든지 타고난 얼굴의 '상(相)'도 마음에 의해 뒤바뀌게 마련이다. 지나온 자신의 모습을 사진으로 비교해 보면 입증이 되겠지만, 이렇듯 고정된 것은 없기에 항상 좋은 생각과 올바른 행동을 하여야 한다. 그러나 무엇보다 중요한 것은 말을 하지 못하는 미물이라도 그 생명체를 소중히 여긴다면 이로 인해 자신의 타고난 관상이나 운명까지도 변화할 수 있음을 상기하며, 인생을 살아가는 지표로 삼아야 할 것이다.[20]

"사주불여 관상이요, 관상불여 심상이요, 심상불여 덕상이다(四柱不如觀相, 觀相不如心相, 心相不如德相)."라는 말이 있다. 사주가 아무리 좋아도 관상만 못하고, 관상이 아무리 좋아도 심상만 못하며, 심상이 아무리 좋아도 덕상만 못하다고 한다.

그러니 주변에 도움을 줄 수 있으면 할 수 있는 데까지 도와주고 베풀면 반드시 좋은 일이 생길 것이다. 그로 인하여 얼굴 표정 또한 밝고 즐겁게 바뀌며, 나아가서 관상까지 바뀌게 되는 것이다.

현장에서 위험한 작업을 하거나 위험한 장소에 있는 사람을 발견하면 누구라도 위험을 알리고, 이에 대한 조치를 취하여야 할 것이다. 그리하여 안전사고를 예방한다면 언젠가는 그에 따른 보상을 받게 될 것이다.

패자(敗者)는 구름 속에서 비를 보지만,
승자(勝者)는 구름 위의 태양을 본다.

제 **4** 장

안전한 일터 만들기

安
全

『열반경』에 나오는 맹귀우목(盲龜遇木)이라는 말을 보면 인간으로 태어나는 것이 얼마나 어려운 일인가를 알 수 있다. 이 말은 중생이 사람의 몸을 받아 세상에 나오기가 아주 어렵다는 것을 비유한 말이다.

헤아릴 수 없는 시간을 사는 눈먼 거북이가 바다 밖에서 숨을 쉬는 방법은 무척 어렵다고 한다. 거북이는 바다 가운데 있으면서 천 년마다 한 번씩 물 위로 목을 내미는데 때마침 물결을 따라 떠다니던 구멍 뚫린 나무와 만나고, 요행히도 눈먼 거북이의 머리가 그 나무의 구멍 사이를 밀고 나와야 목을 걸고 숨을 쉬게 된다고 한다. '눈먼 거북이가 우연히 떠내려오는 나무를 만난다.'는 '맹귀우목'처럼 인간이 세상에 태어나는 것이 이와 같이 매우 어렵다는 것이다.

이렇게 어렵게 태어난 생명인데, 한 번의 방심과 실수로 사고를 당하고 평생을 불행하게 살거나 사망하게 된다면 이 얼마나 어울한 일이겠는가.

또한 사람은 살 만큼 살다가 제 목숨이 다하면 몸을 바꾼다고 한다. 영원히 사는 사람은 아무도 없고 제 명대로 살다가 가는 것이 자연스러운 순리라고 생각한다.

어느 군대가 성채를 포위했는데 항복하기 직전, 포위군의 사령관이 자비를 베풀었다. 여자들은 도망갈 수 있게 길을 열어 주겠다고 한 것이다.

"각자 자기가 들고 갈 수 있는 만큼만 가지고 나가는 것은 허용한다."

이 말을 들은 아녀자들은 자신의 남편이나 자식들을 업고 성을 빠져나왔다. 성안의 보물을 포기하고 대신에 남편과 자식의 목숨을 선택한 것이다. 포위군 사령관은 아녀자는 물론 그 남편과 자식들까지 그냥 보내줬다. 보물이 중요한 것이 아니고, 나라가 중요한 것이 아니고, 나라가 내세우는 정의나 사상, 종교가 중요한 것도 아니다. 결국 중요한 것은 사람이며, 이 모든 것 또한 사람을 위한 것에 불과하기 때문이다.[1]

우리가 가장 소중하게 생각하는 생명은 그 어떠한 보물보다도 소중한 것이다. 이러한 생명을 잃거나 다치지 않게 하기 위해서는 안전한 일터를 만들기 위해 더욱 노력해야 한다.

1. 정리 정돈

 안전한 일터를 만들기 위해서 가장 기본적인 것이 정리 정돈이다. 우리가 생각할 때에 가장 손쉬운 것 같으면서도 어려운 것이 정리 정돈으로 사업장에서 정리 정돈을 하라고 하면 서로 미루고 하지 않는 경우가 대부분이다.
 정리 정돈을 하는 습관이 필요한데 이를 아무리 지도하고 설명해도 따르지 않아서 사무실에서 매주 금요일을 대청소하는 날로 정하고 다 함께 정리하고 청소를 하였다.
 그로부터 3개월 후에 직원들의 태도가 많이 달라져 있었다. 사무실 바닥에 이물질이 있으면 누가 시키지 않아도 알아서 청소하는 것을 보고 이제는 직원 모두가 깨끗한 것을 좋아하는 습관을 갖게 되었다는 것을 알 수 있었다.

풍수지리학의 대가인 고(故) 지창용 박사의 후계자인 '구당'과는 중학교 동창이며 요즈음 자주 만나 인생에 대한 많은 이야기를 나누곤 한다. 그 친구에게 가정의 행복을 위해 가장 중요하게 생각해야 하는 것이 무엇인지 물어본 적이 있는데 뜻밖에도 현관이라는 대답이 돌아왔다. 복은 현관을 통하여 들어온다고 하면서, 현관을 깨끗이 하고 신발을 가지런히 하라고 한다. 실제로, 현관에서 신발을 가지런히 하고 청소를 깨끗이 해놓고 보니 기분이 좋아졌다. 외출 후 집에 들어올 때도 신발을 정리하고, 청소를 할 때는 항상 현관을 깨끗이 하니까 출근할 때도 기분이 좋고 퇴근해서 집에 들어올 때도 기분이 좋아지는 것이었다. 그 후로 우리 가족은 자연스럽게 정리 정돈하는 습관을 가지게 되었다.

뿐만 아니라 사람은 관상학적으로 이마를 통해서 복이 들어온다고 하면서 머리로 이마를 가리지 말라고 한다. 우리가 면접을 볼 때에 머리로 이마를 가리면 답답하게 느껴지고 왠지 모르게 무엇을 숨기고 있다는 느낌이 든다.

머리끝에서부터 발끝까지 단정하게 하는 것이 기본이다. 단정한 사람을 만나면 기분이 좋아지고 마음이 편안한데 그렇지 않은 사람을 보면 마음이 산만하고 믿음이 가지를 않는다.

정리 정돈은 자신의 몸가짐에서부터 시작해서 머릿속에 있는 생각을 정리하고 아침에 출근하는 것을 생활화하는 것이 중요하다.

평상시에 하는 정리 정돈의 기본 원칙 몇 가지를 알아보면

첫 번째는 필요한 물건과 필요치 않은 물건을 파악하여 같은 종류끼리 분류하여 정리하는 것이다.

두 번째는 필요하지 않은 물건을 과감하게 버리고 꼭 필요한 물건만 보관하는 것이다.

세 번째는 보관할 물건을 사용하는 횟수에 따라서 보관을 하는 것이 좋은데 자주 사용하는 물건은 가깝고 사용이 편리한 곳에 보관하여야 한다.

네 번째는 수납 방법 중 공구대를 설치하거나 보관함에 보관하는 방법인데 사용이 편리하면서도 물건이 손상되지 않고 성능을 유지할 수 있도록 보관하고 관리하여야 한다.

다섯 번째는 작업종료 후 10분씩 매일같이 정리 정돈하고 청소하는 습관을 갖는 것이 필요하다. 내일로 미루다 보면 지저분한 작업현장이 몸에 익숙해지기 때문에 청소하는 습관이 변하게 되는 것이다.

1985년 어느 날 필자가 '대한산업안전협회'에 입사한 지 일 년이 채 되지 않았을 때의 일이다. 안전진단을 위한 출장을 마치고 사무실에 왔는데 큰 소리가 나면서 사무실이 어수선했다.

　　무슨 일인가 하고 동료한테 물어보니, 당시에 국회의원이면서 대한산업안전협회 회장님이셨던 고(故) 김숙현 회장님께서 오셨는데 화가 많이 나셨다고 한다.

　　저녁에 직장상사 분들과 저녁식사 겸 술을 한잔하는데, 한 분이 술에 취하셔서 오후에 있었던 회장님의 일화를 이야기하는 것이었다. 사무실 화분에 나무 한 그루가 있었는데, 물을 주지 않아서 다 말라간다고 불같이 화를 내셨다는 것이다. 직원들에게는 고생한다는 말 한마디 하지 않으면서 나무가 죽어가는 것 때문에 그렇게 화를 냈어야만 하는 것인지, 그는 오랫동안 불만을 쏟아냈다.

　　며칠이 지나고 나서 회장님 댁에 방문할 일이 있었고, 회장님과 담소를 나눌 기회가 있었다. 나는 조심스럽게 그날의 일을 여쭈어보았다. 그랬더니 회장님은 "말 못하는 식물 하나 못 키우는 사람들이 무슨 우리나라의 안전을 생각하고 안전관리를 한다고 하느냐? 기본이 안 되면 아무것도 할 수가 없다."고 말씀하셨다.

다음 날 출근해서 회장님의 말씀을 전해주었더니 직원들도 공감을 했고 그렇게 모든 오해는 해소가 되었다. 그 후로 협회에 근무하는 동안 어디를 가든 사무실 환경을 보면 직원들의 사고방식을 알 수가 있었다.

우선 사무환경 개선을 위해 군대에서 주말에 내무사열 준비를 하는 것처럼 매주 금요일마다 전 직원이 사무실 대청소를 하고, 나무에 물과 거름을 주도록 하며 항상 청결을 유지했다. 그 결과 필자가 근무한 사무실은 직원들 간에 협동심이 생겨 기관평가에서 항상 좋은 평가를 받을 수 있었다.

신임 근무지에 가면 어느 조직이나 기업을 방문했을 때 사무실에 죽은 화초 가지가 있거나 청결하지 못하고 어수선하면 직원들의 행동 또한 정상적이지 못한 면을 볼 수가 있다. 현대그룹의 창업자이신 고(故) 정주영 회장은 "작은 일에 성실한 사람은 큰일에도 성실하다. 작은 일을 소홀히 하는 사람은 큰일을 할 수 없다. 작은 일에도 최선을 다하는 사람은 큰일에도 전력을 다한다."고 말씀하셨다고 한다. 작은 일을 소홀히 해서는 절대로 큰일을 할 수 없는 것이다.

상가 밀집 지역에서 어떤 상점의 유리창이 깨져 있는 것을 봤다고 하자. 그런데 그다음 날에도 깨진 유리창이 그대로 방치되어 있다면 사람들은 과연 어떤 생각을 하게 될까.

처음에는 대수롭지 않게 지나치지만 그 빌딩 주인이나 관리인이 그 건물에 대해 별로 애착을 갖고 있지 않다고 생각하게 될 것이다. 그러고 나서 며칠이 지나지 않아 지나가던 사람들은 아무런 죄책감도 없이 쓰레기를 던지게 되고, 심지어는 그 유리창을 깨도, 어느 누구 하나 상관하지 않을 것이라고 생각하게 될 것이다. 결국 그 상점은 쓰레기 더미로 뒤덮이게 되고, 형편없이 변하게 되는데, 이것이 바로 '깨진 유리창의 법칙Broken Windows Theory'이다.

깨진 유리창의 법칙을 뉴욕시에서 적용하여 범죄를 줄인 사례를 보면 정리 정돈의 중요성을 알게 될 것이다.

루돌프 줄리아니 뉴욕 시장
범죄 줄이기

 세계 경제의 중심 뉴욕. 그러나 1990년대의 뉴욕은 하루에도 수십 건의 강력범죄가 발생하는 미국 최악의 범죄 소굴이었다. 우리가 잘 알고 있는 영화 '배트맨'에서 등장하는 악당들의 소굴 '고담시'가 뉴욕을 배경으로 만들어졌을 만큼 당시 뉴욕은 무법천지였다고 한다.
 특히 지하철은 온갖 사건들이 수시로 일어나는 곳으로 여행객들이 절대로 해서는 안 되는 행동 1위가 '지하철 타기'였다고 한다. 그런데 어느 날, 갑자기 뉴욕의 범죄가 거짓말처럼 사라져 뉴욕은 미국에서 가장 안전하고 살기 좋은 도시가 되었다. 무슨 일이 일어나기라도 한 것일까?

　1994년 뉴욕 시장으로 처음 부임한 '루돌프 줄리아니' 시장은 연일 계속되는 범죄 문제 때문에 고민이 이만저만이 아니었다. 끊임없이 발생하는 강력사건으로 시민들의 불안감은 최고조에 달했고 언론에서는 비난이 쏟아졌다. 심지어 언론에서는 뉴욕 14번가가 바로 배트맨에 등장하는 악동의 소굴 고담시라며 뉴욕의 치안상태를 비꼬기까지 했다.

　줄리아니 시장은 뉴욕의 범죄를 완전히 뿌리 뽑겠다며 경찰력을 총동원하여 범죄와의 전면전을 선포했다. 범죄지역에 강력반을 전면 배치하고 경찰 병력을 대폭 늘이는 등 강력정책을 시행했다. 그럼에도 불구하고 강력범죄는 끊이지 않고 계속되었다.

　1996년 뉴욕의 범죄 문제를 해결하지 못해 궁지에 몰려있던 줄리아니 시장은 우연히 눈에 띈 책에서 뜻밖의 아이디어를 얻게 되었다. 그가 내놓은 새로운 대책은 뉴욕거리 곳곳에 그려져 있는 낙서를 지우는 것이었다. 하지만 이에 대한 사람들의 반응은 냉담할 뿐이었고, 사람들이 죽고 다치는데 한가하게 청소나 하고 있느냐며 비난이 쏟아졌다. 급기야 시장의 사임을 요구하는 시위가 벌어지기도 했다.

그러나 줄리아니 시장은 굴하지 않고 그 어느 때보다 확신에 찬 모습으로 오히려 낙서와의 전면전을 선포하였다. 그렇게 뉴욕 구석구석을 깨끗하게 정비하고 벽에 가득 찬 낙서들을 지워 나갔다.

사실, 당시 뉴욕은 낙서천국이었는데, 그중에서도 스프레이로 뿌린 그라피티가 많았다. 예술이라는 미명하에 뉴욕지하철과 거리 벽면들을 온갖 그림과 지저분한 낙서로 도배해도 그대로 방치되곤 했다. 게다가 뉴욕에는 전문 낙서꾼만 수만 명이라서 낙서는 쉽사리 줄어들지 않았고, 경찰과 낙서하는 젊은이들 사이에서 끈질긴 싸움이 계속되었다. 하지만 이런 고질적인 뉴욕의 낙서를 모두 없애버리기로 결심한 줄리아니 시장은 수많은 반대에도 아랑곳하지 않고 한 해 수십만 달러의 예산을 편성해 낙서 지우기 전담반을 구성하는가 하면 낙서에 대한 24시간 경계태세를 갖추었다.

줄리아니 시장의 예상은 적중했다. 거짓말처럼 범죄가 줄어들기 시작한 것이다. 낙서 지우기 프로젝트를 시작한 지 2년 뒤 뉴욕의 중범죄가 50% 이상 줄어들었으며 이 프로젝트가 완료된 1999년에는 중범죄가 75%까지 줄어들었다. 낙서를 지웠을 뿐인데 어떻게 범죄가 줄어들 수 있었을까?

  그것은 '깨진 유리창의 이론'에 따른 효과였다. 미국 범죄 심리학자 조지 켈링이 만들어낸 깨진 유리창의 이론은 깨진 유리창 하나가 도시 범죄를 증가시키고 슬럼화를 가속화시킨다는 내용을 담고 있다. 우범지대에 보닛을 열어놓은 차를 방치할 경우, 멀쩡한 차에는 어떠한 범죄도 일어나지 않지만 유리창이 깨진 차는 각종 범죄가 일어난다는 것이다.

  줄리아니 시장은 깨진 유리창 이론을 알게 된 뒤, 낙서로 가득 찬 뉴욕을 깨끗하게 청소하다보면 범죄도 줄어들 수 있을 것이라 생각하였던 것이다. 그리고 많은 반대를 무릅쓰고 꾸준히 밀어붙인 결과 범죄를 줄일 수 있었다.[2]

  정리 정돈과 청소, 청결은 안전의 기본이다. 사무실이나 가정에서 정리 정돈을 생활화하고 실천하며 한 포기의 풀이나 화초에도 관리를 철저히 하여야 한다. '깨진 유리창의 법칙'에서처럼 작은 문제를 방치하면 큰 문제로 발전하기 때문이다. 안전관리는 사소한 것부터 개선하는 것이 매우 중요하다.

2. 점검, 정비

　안전점검의 목적은 작업 전에 불안전한 요인을 찾아 제거하는 데 있다. 항상 설비를 사용 가능하고 안전한 상태로 유지관리하여 사고를 미연에 방지하고 근로자를 보호하는 데 있다. 호랑이같이 예리하고 무섭게 사물을 보고 소처럼 신중하게 행동한다는 의미의 '호시우보(虎視牛步)'라는 말처럼, 모든 일에 신중을 기하기 위해 안전점검은 반드시 필요하다.
　안전점검을 할 때에는 이러한 '호시우보(虎視牛步)'의 자세로, 호랑이의 눈처럼 예리하고 날카롭게 점검을 하고 소의 걸음처럼 신중하고 완벽하게 정비하여 안전한 상태를 유지하여야 한다.

「虎視牛步 (호시우보: 범처럼 노려보고 소처럼 걷는다)」,
박영진, 2022, 갑골문.

이러한 안전점검은 점검주기와 점검방법에 따라 크게 다섯 가지로 구분할 수가 있다.

1) 가동 전의 점검 : 기계 설비를 신설하거나 변경할 때 안전 관리자와 해당 부서의 기술자, 관리감독자 등으로 하여금 산업안전보건법 등 법규에 일치하는지의 여부와 안전성 등에 대해서 설비를 가동하기 전에 정밀하게 점검을 실시하여야 한다.

2) 작업시작 전 점검 : 매일 작업을 시작하기 전에 기계설비의 이상 유무와 안전시설 등에 대해서 관리감독자와 해당 작업종사자 등이 현장에서 실시하는 것으로 매우 중요하며 철저히 점검하여야 한다.

3) 일상 점검 : 현장 관리감독자와 해당 작업자가 담당구역 내의 설비, 작업방법에 대해서 작업 중에 이상 유무를 항시 점검한다.

4) 정기 점검 : 정기 점검은 설비의 위험성에 따라 기간을 정해서 기계설비의 안전상 중요 부분, 피로, 마모, 장치의 개조나 변경의 유무 등에 대해서 안전관리자, 현장 책임자, 관계 기술자 등에 의해 점검하거나 검사기관에 위탁하여 실시하고 있다. 점검주기는 기계설비에 따라 다르지만, 일반적으로 매월, 6개월, 1년, 2년 등의 주기로 정기 점검을 실시하

고 있다.

　5) 특별 점검 : 호우, 강풍, 지진 등의 자연재해가 발생한 다음에 작업을 재개시할 때나, 이상 시에 관리자나 해당 전문 기술자 등에 의해 기계설비 등의 기능 이상을 점검한 다음에 작업에 임하도록 하고 있다.

　안전점검의 중요성은 한명회와 별운검에서 보는 바와 같이 아무리 강조해도 지나치지 않기 때문에 철저하고 확실하게 하여야 한다.

한명회와 별운검

　수양대군(세조)은 신하들 중에서도 한명회를 가장 신뢰하였다.
　세조가 즉위하고 1년 뒤인 1456년 6월 창덕궁에서 명나라 사신을 맞이하기 위한 연회가 열렸는데, 이때 한명회는 행사를 주관하는 임무를 맡았다.
　그러나 성삼문 등은 이날을 거사일로 잡고 세조를 비롯한 측근들을 제거하기 위해 치밀한 계획을 세웠다. 역사적으로 보았을 때, 세조는 단종을 폐위시키고 스스로 왕의 자리에 올랐기 때문에, 재임 중에도 많은 신하들이 그를 왕으로 인정하려 하지 않았고, 단종을 복위시키기 위해 노력했다. 이 중에서도 단종 복위운동을 주도했던 성삼문을 비롯한 충신 여섯 명을 '사육신'이라 부른다.

그런데 행사 당일 한명회가 연회장소가 좁고 더위가 심하다는 이유로 별운검을 세우지 말 것을 청하여 세조가 이를 수용하기로 했다는 소식이 전해져왔다.

별운검은 아무런 의심 없이 검을 가지고 행사장으로 들어갈 수 있었기 때문에 정변을 일으키기 위해서는 이들의 도움이 꼭 필요했는데, 한명회의 저지로 일이 무산된 것이다. 성삼문을 비롯한 주모자들은 의견이 분분해졌다. 일이 누설될 가능성을 염려하여 계획대로 추진하자는 사람들이 있었던 반면, 성삼문은 하늘의 뜻이니 거사를 다음으로 미루자고 강력히 주장했고, 거사는 연기되었다.

그러나 결국 탄로가 나게 되고, 그로 인하여 성삼문을 비롯한 사육신은 거사를 도모하기 전에 전모가 드러나 처참한 최후를 맞이하게 된다.[3]

조선 시대에는 2품 이상의 무관 두 사람이 임금의 좌우에 서서 호위하는 '별운검(別雲劍)'이라는 벼슬이 있었다. 임금 바로 옆에 좌우로 칼을 갖고 서 있기 때문에 별운검은 충성심과 무술이 뛰어난 장수로 선발되었다. 그렇기에 아무런 의심

없이 임금과 가장 가까운 곳까지도 접근할 수 있었던 것이다. 역대에 한 번도 별운검에 의해 불미스러운 일이 발생한 일은 없었지만, 이들이 마음만 먹으면 임금을 죽일 수도 있었다. 한명회는 이러한 위험을 예측하고 사전에 조치하여 결국 사고를 예방할 수 있었다.

위험성평가를 할 때도 마찬가지다. 지금까지 한 번도 사고로 이어진 적이 없다고 하더라도 위험이 보이면 반드시 개선해야 한다.

위험성평가는 건설물, 기계, 기구, 설비, 원재료, 가스, 증기, 분진, 근로자의 작업행동 또는 그 밖의 업무로 인한 유해·위험 요인을 찾아내어 부상 및 질병으로 이어질 수 있는 위험성의 크기에 대하여 허용 가능한 범위인지를 평가하는 것이다.

관리감독자와 근로자가 위험성평가를 실시하여 위험성평가 대상의 유해·위험요인을 파악하고 위험성을 결정하며, 위험성 결정에 따른 조치를 하여야 한다.

강도가 낮더라도 자주 발생한 작은 사고 또한 개선대상에 포함시켜 개선조치 해야 한다. 이연영은 21세에 서태후를 보필하기 시작하여 서태후가 사망할 때인 60세까지 최측근에서 보필한 중국 청나라의 환관이었다. 이연영은 머리가 매우 영리하여 사리판단이 빠르고 센스가 있었으며 적응력이 뛰어나고 일을 정확하게 처리했다고 한다. 이연영은 윗사람을 존경하고 아랫사람에 관대했으며 항상 부지런하게 일을 처리하여 서태후 곁에서 끝까지 함께할 수 있었다. 우리는 이연영과 서태후의 일화에서 보는 바와 같이 작은 실수라도 하지 않도록 치밀하게 준비하는 것을 배워야 할 것이다.

이연영의 안전점검

 청나라 말기에 사실상의 황제 역할을 한 서태후 곁에는 태감의 우두머리인 '이연영'이라는 인물이 있었다.
 서태후는 서양에서 만든 신기한 물건을 매우 좋아했는데, 이연영이 상납한 춤추는 금발 인형이 들어 있는 프랑스제 뮤직 박스는 서태후의 사랑을 독차지했다. 그가 바친 물건 중에는 운모를 박은 프랑스제 구리 침대와 색깔이 아름다운 프랑스제 사기 접시 등도 있었다.
 서양 물건을 좋아하는 서태후를 위해 한 대신이 매우 정교하게 만들어진 비싼 시계를 준비했는데, 막상 바치려고 하니 혹시라도 서태후의 심기를 거스르지 않을까 크게 걱정이 되어 이연영에게 먼저 보여주고 의견을 물었다. 이연영은 한참 동안 생각하다가 고개를 가로저었다.

그 시계는 매시간마다 시계 안에서 작은 인형이 나오면서 '만수무강(萬壽無疆)'이라는 글씨를 펼치는 기능이 있었는데, 그것이 그의 마음에 들지 않는다는 것이었다.

"이 시계는 훌륭한 시계임에는 틀림이 없지만, 만일 기계가 잘못 작동해 인형이 펼친 글씨가 '만수무(萬壽無)'라는 세 글자밖에 보이지 않을 경우, 이를 어찌 감당할 수 있겠으며, 당신은 목숨을 부지할 수 없을 것이오."라고 이연영은 말했다.

얼마 후 이연영이 매시간마다 인형이 나와서 시간을 알리는 시계를 구해 왔는데, 이 시계는 지난번 시계와 같은 시계인데 다만 인형이 펼쳐 보이는 글자가 전에 시계와 다르게 '수수수수(壽壽壽壽)'로 되어 있었다. 이는 시계가 고장이 나더라도 '수수수(壽壽壽)'가 되기 때문에 큰 화를 부를 염려가 전혀 없었던 것이다.[4]

이 일화에서 알 수 있는 것은 사전에 철저히 준비하여 위험을 예방해야 한다는 것이다. 시계를 선물하기 위한 대신도 위험을 예방하기 위해 이연영에게 미리 점검을 받았고, 이연영도 '수수수수(壽壽壽壽)'만 적힌 시계를 구해 와서 혹시 모를 위험을 사전에 예방했던 것이다.

　율곡 이이의 십만양병설도 비슷한 예로 들 수 있을 것이다. 율곡 이이는 국가 위기를 내다보는 혜안으로 십만양병설을 주장했다. 안전관리자가 안전상의 문제를 제기해도 다른 부서에서 반대하는 경우가 종종 있는데, 지금까지 문제가 없었기 때문에 많은 돈을 투자할 가치가 있느냐는 이유 때문이다. 십만양병설 또한 이러한 이유로 당시에 반대에 부딪혔고, 결국 무산되었다. 임진왜란을 사전에 예방할 수도 있었고, 그것이 아니더라도 전쟁 초기에 왜군을 섬멸할 수 있는 안전조치가 될 수 있었음에도 불구하고 이를 준비하지 못한 것이다.

십만양병설

십만양병설에 대한 최초의 기록은 율곡 이이의 문인 김장생이 쓴 『율곡집』 「행장」 부분에 나와 있다.

"미리 10만 명을 양성하여 급한 일이 있을 때를 대비하십시오. 그렇지 않으면 10년이 지나지 아니하여 토담이 무너지는 화가 있을 것입니다."

율곡 이이가 말했다. 그러자 반대세력에서는 다음과 같이 반박했다.

"아무런 일이 없이 군대를 양성하는 것은 화근을 만드는 것입니다."

그때는 전쟁이 일어나지 않은 지가 오래되어, 그 자리에 있던 신하들 모두가 "선생이 잘못한 것이다."라고 말했다.

"나라 형세가 위태롭기가 달걀을 쌓아 놓은 것 같은데, 시속(時俗)의 선비는 이때 어떻게 할 것을 모르니, 다른 사람이야 진실로 기대할 것이 없지만 그대가 또한 이러한 말을 하는가." 하고 율곡 이이가 유성룡에게 말했다고 한다.

임진왜란이 일어난 후에 유성룡이 조정에서 다른 사람에게 말하기를, "지금에 와서 보면 율곡 이이 선생은 참으로 성인이다. 만약 그의 말대로 십만의 군대를 양성했더라면, 나랏일이 어찌 이렇게 되었겠는가. 또 그가 전후로 계획한 것이 어떤 사람은 잘못이라고 하였지만, 지금은 모두 꼭꼭 들어맞아서 함부로 따라갈 수가 없으니, 만약 선생이 살아 있다면 능히 오늘의 전란을 타개할 방법이 있었을 것이다."라고 하였다.[5]

공기업이나 대기업 안전회의에 자문을 위해 참석하여 문제점을 지적하면, 당시에는 반영하겠다고 말하지만, 나중에 알아보면 전혀 반영되지 않고 있는 경우가 대부분이다. 십만양병설을 반대한 것처럼 지금까지 아무런 문제가 없었는데 꼭 그렇게까지 할 필요가 있느냐는 논리 때문이다.

우리 속담에 "호미로 막을 것을 가래로 막는다."는 말이 있다. 사전에 예방하는 비용이 사후에 발생되는 비용보다 아주 적게 드는 것은 물론이거니와 예방만이 귀중한 생명을 보호할 수가 있다는 것을 인식하여 사전에 대처하여야 할 것이다.

안전점검의 대명사로 금문교의 점검정비 사례를 들 수 있다. 금문교는 1937년 준공 이래 매년 안전점검을 하고 유지 보수를 통하여 현재까지도 안전하게 관리되고 있는 교량이다. 준공 후 15년 만에 붕괴된 우리나라의 성수대교와 비교한다면, 안전점검이 얼마나 중요한지를 알 수 있다.

금문교

    금문교는 미국 캘리포니아주 서안의 샌프란시스코만과 태평양을 잇는 골든게이트해협에 설치되어있는 길이 2,825m, 너비 27m의 현수교로 샌프란시스코 시와 마린카운티를 연결해 준다.

    이 금문교는 1933년에 착공하여 1937년에 공사비용 3,500만 달러를 들여 준공하였다. 바닷물이 차고 거센 조류와 안개가 많은 날씨, 그리고 수면 아래 지형이 복잡하여 건설이 불가능할 것으로 예측되었으나 4년 만에 완공하여 미국토목학회에서 꼽은 7대 불가사의의 하나가 되었다.

    금문교는 6차선의 유료도로와 무료인 보행자도로로 나

누어져 있으며 수심이 깊어 다리 밑을 대형선박이 통과할 수 있을 뿐만 아니라 해면과 다리와의 사이가 넓어 비행기도 통과할 수 있고 시속 160km의 풍속에도 견딜 수 있게 튼튼하게 설계되었다.

붉은색의 아름다운 교량은 주위의 경치와 조화를 잘 이루어, 짙은 안개와 함께 샌프란시스코의 상징이 되었으며, 세계에서 가장 아름다운 다리로 꼽힌다. 준공 이후 철저한 유지 관리를 위하여 한 해도 거르지 않고 보수와 보강 공사를 펼치는 것으로도 유명하다.[6]

그런데 우리나라의 성수대교는 어떠했는가. 1979년 10월에 준공된 성수대교는 교량건설 후 15년 만에 교량이 붕괴되는 참사로 이어졌다. 이로 인하여 32명이 사망하고 17명이 부상을 당하는 등 세계인의 이목이 집중되었다.

공학적으로 보면 교량상판을 떠받치는 트러스의 연결이음 부분용접이 10mm 이상은 되어야 하는데 8mm밖에 되지 않았으며 강구조물 볼트 연결핀도 부실한 것으로 검찰 조사 결과 나타났다.

교량붕괴에는 여러 가지 복합적인 요인이 있겠지만 형식적인 점검과 정비로 인한 관리 소홀이 가장 큰 원인으로 보인다. 부식된 철재구조물에 대한 보강이나 보수를 하지 않고 페인트로 칠을 하여 위험요인을 숨기기에 급급했던 것이다.[7]

많은 사람이 희생되는 사고가 발생하였는데 아직도 우리는 안전점검과 정비를 소홀히 하여, 여전히 주변에서 자주 대형사고가 발생하는 것을 보게 된다. 안전진단이나 점검 시 산업현장에서 실시한 안전점검일지에는 모든 것이 양호한 것으로 되어 있으나 현장을 확인해 보면 불량한 것이 많이 발견되고 있다.

설비의 안전한 상태를 지속적으로 유지 관리하려면 정확한 점검과 정비가 필요하며, 불안전한 요인이 있으면 즉각적으로 개선조치 하여야 할 것이다.

3. 작업순서

　모든 일에는 순서가 있다. 우리의 일상생활도 마찬가지로 정해진 순서에 따라 진행된다. 산업현장에서도 공정흐름에 따른 작업순서에 입각하여 작업을 진행하는데, 공정별 '유해위험분포도'를 작성하여 위험요인을 제거하는 것이 보편화되어 있다.
　작업공정별 작업순서에 적합한 안전수칙을 작성하여 근로자 스스로 준수하도록 해야 하며, 평상시에 작업순서를 준수하지 않을 경우, 사고가 발생할 우려가 커지기 때문에 작업순서와 절차를 반드시 준수하는 것을 잊지 말아야 할 것이다.
　속담에 "천 리 길도 한 걸음부터", "아무리 바빠도 실을 바늘허리에 매어서는 못쓴다."라는 말이 있듯이 모든 일에는 순서와 절차가 있는 것이다.

아침에 일어나서 출근하기 위해 옷을 입을 때 첫 단추를 잘못 끼우면 모든 것이 원점에서 다시 시작하여야 하는 것처럼, 산업현장에서도 작업을 시작하기 전에 작업표준과 당일 업무에 대한 위험성을 파악하고 작업절차에 의한 사전점검을 실시하여야만 사고를 예방하고 불필요한 과정을 줄일 수 있다. 각종 설비의 위험요인을 제거한 다음, 작동 전에 주변에 사람이 있는지 여부를 반드시 확인하고 작업을 시작하며, 작업 중에도 작업순서를 철저히 준수하여야 한다.

> 탈무드에는 한 나그네와 마부의 이야기가 나온다. 나그네가 예루살렘으로 향하는 마차를 얻어 탔다. 그러면서 "여기서 예루살렘은 얼마나 걸리나요?" 하고 물었고 마부는 "30분 거리입니다."라고 답했다. 일찍 도착할 수 있다는 생각에 나그네는 기분이 좋아진다. 그러나 1시간이 걸려도 예루살렘이 나오지 않자 나그네가 당황하며 물으니 마부가 답했다. "이 마차는 반대 방향으로 가는 마차입니다."[8]

인생에서 중요한 것은 속도가 아니라 방향이다. 방향이 맞으면 설령 늦어도 목적지에 이를 수 있지만 방향이 잘못되면 아무리 속도를 높여도 결코 목적지에 도착할 수 없는 것이다.

우리의 삶도 이와 같다고 생각한다. 우리는 현장에서 작업하면서 안전한 방향으로 작업을 하고 있는지, 생산성을 높이기 위해 작업순서나 절차를 무시하고 있는 것은 아닌지 스스로에게 되물어볼 필요가 있다. 생산하는 것이 중요한 것이 아니라 안전한 작업을 하는 것이 중요하기 때문이다. 안전에 기적이나 행운을 기대해서는 안 되며, 이것은 아래와 같은 유대인의 속담에서도 잘 드러나 있다.

불필요한 위험에 자신을 노출시키지 마라.
기적이 당신을 구해줄 수 있을지 모른다.
만일 기적이 일어난다면,
당신 몫에서 행운의 일부가 차감되는 것이다.
- 유대 속담

사람마다 위험에 대한 감도나 선호도가 다르다. 육체적인 위험을 감수하는 일에 거부감이 없는 사람들도 있지만 그런 위험에 대단히 민감하고 취약한 사람들이 있다. 암벽등반이나 번지점프와 같이 위험한 스포츠를 즐기는 사람이 있는가 하면, 오금이 저려 와서 못하는 사람도 있다. 또한 지적인 면에서 위험을 감내하는 것에 익숙한 사람도 육체적인 위험을 감수하는 데에는 보수적이고 소극적일 수도 있다.

인간은 한 분야에서 위험을 감수하면, 다른 분야에서는 신중하게 처신함으로써 위험을 상쇄시켜 전체적인 위험 수준을 관리한다고 한다.

유대인들은 스스로가 하나님에게 선택받은 민족이라는 믿음을 가지고 있지만 현실세계에서는 그 어떤 민족보다도 뛰어난 현실주의자들이다. 위험에 대한 탈무드의 조언도 현실주의의 면모를 어김없이 발휘하면서 위험한 일을 하지 말라고 충고하고 있다.

눈이 얼어 빙판길을 운전할 때 탈무드는 자기 자신을 위해 위험을 최대한 감소시키라고 말한다. 하지만 사람들은 '별일 없겠지' 하고 생각하는 경우가 많은데, 유대인의 현자들은 위험은 사전에 예측할 수 있기 때문에, 위험이 예상되면 그 위험에 노출되지 않도록 하라고 당부한다.

유대교의 안식일인 샤바트에는 "사람은 자신을 위험에 내팽개쳐서는 안 되며, 기적이 일어나기를 기대해서도 안 된다."라는 말을 하고 있기도 하다. 막연하게 '잘될 거야' 하는 생각을 가지고 안전에 철저히 대비하지 않는 사람에게 경고를 하고 있는 것이다.

두루마리에 적혀 내려오고 있는 성서인 '메길라'에서는 "기적에 대한 희망을 가질 수는 있지만, 그것에 의존해서는 안 된다."고 하였으며 이는 희망과 낙관적으로 사는 것도 중요하지만 위험을 예상하고도 불필요하게 위험한 행동을 하면서, 기적이 도와주기만을 기다려서는 안 된다는 것을 알려주고 있다.

인간은 처절할 정도로 불쌍한 존재이고 불완전하기 때문에 실수할 수밖에 없다. 탈무드에서도 "자신의 관 위에 흙이 뿌려지는 마지막 순간까지 하나님의 은혜를 구해야 하는 존재일 수밖에 없다."고 하였다.

그렇기 때문에 항상 겸허하게 하나님의 자비와 축복을 구하며, 스스로 인생을 개척하면서, 자신이 불완전하고 나약한 존재라는 사실을 잊지 말고 자만하지 않고 '표준작업계획서'에 의거 절차를 준수하고 작업순서에 입각하여 안전하게 작업하도록 노력해야 한다.

4. 예의범절

1984년 대한산업안전협회 진단부에 막 입사했을 때의 일이다. 술자리였는데, 나보다 8년 선배가 술을 두 손으로 정중하게 따라 주는 것이었다. 그래서 "형님 그렇게 하시면 제가 부담스러우니 한 손으로 따라주세요."하였더니, 술자리에서 예의에 어긋나게 하면 서로 감정이 생기게 되고 이로 인해 다투는 것을 많이 보았다며, 나이와 관계없이 두 손으로 정중하게 술을 주고받으면 서로를 존중한다는 뜻이기 때문에 술자리에서 예의를 지키는 것이 중요하다는 것이었다. 그것이 나에게는 무척 인상 깊은 경험이었다.

비단 술자리뿐만 아니라 생활 속에서 상대방을 무시하는

듯한 언행에서 감정이 폭발하여 서로 다투는 것을 많이 볼 수가 있다. 그래서 나도 그때부터 습관을 들여 지금도 모든 사람에게 두 손으로 정중하게 술을 따라주고 받는다. 그러면 직장 후배나 학교 동창들은 "편하게 한 손으로 따르라"고 하는데, 나는 이것이 편하니 그렇게 하겠다고 하고는 현재도 그렇게 하고 있다. 생활 속에서 상대방을 배려하는 마음은 서로를 존중하게 만든다. 안전은 '상대방을 소중하게 여기는 마음'이라고 정의할 수 있다. 안전과 예의범절은 불가분의 관계인 것이다.

어머님과 학교 선생님의 일화를 보면서 우리는 주변 사람을 위하는 마음이 안전과 밀접한 관련이 있다는 것을 알 수 있다.

어느 시골의 총각 선생님이 출근길에 시냇물을 건너고 있었다. 그런데 징검다리를 잘못 밟아 신발과 바지가 물에 흠뻑 젖어버렸다. 옷을 갈아입으려고 집에 왔는데 때마침 고향에서 오신 어머니께서 아들이 출근하다 집에 돌아온 것을 의아하게 생각하셨다.

그가 어머니에게 되돌아온 이유를 말씀드리자 어머니가 물으셨다.

"네가 밟아서 잘못 놓인 돌은 바로 놓았느냐?"

"미처 그 생각은 하지 못했습니다."

"그런 식으로 해서 어떻게 아이들을 가르치며 존경 받는 선생이 되겠다고 하느냐?"

어머니는 손을 흔들며 말씀하셨다.

"얼른 가서 돌부터 바로 놓고 오너라. 그리고 나서 옷을 갈아입도록 해라."

어머니의 말씀이 처음엔 좀 야속하게 들리기도 했지만 백번 생각해도 옳은 말씀이었다. 그는 얼른 가서 잘못 놓인 돌을 바로 고쳐놓고 돌아왔다. 이후 그는 무슨 일을 하든지 어머님의 사려 깊은 사랑의 말씀을 되새기면서 늘 돌을 바로 놓는 마음으로 임했다.9

우리는 작업을 하다가 불안전한 상태를 발견하면 즉시 안전조치를 취해야 한다. 그렇지 않고 미루게 되면 대형사고를 유발하게 된다. '벼는 익을수록 고개를 숙인다.'라는 속담이 있다. 그런데 우리 주변에는 윗사람의 높은 직위를 믿고 자신이 마치 윗사람이라도 되는 듯 우쭐거리는 사람을 볼 수 있다. 이를 비유하는 말이 바로 '안자지어(晏子之御)'다. 춘추시대 말기 제나라의 재상 '안영'은 5척으로 굉장히 작은 키를 가지고 있었지만 현재까지도 훌륭한 정치를 펼친 명재상으로 평가 받고 있다.

안영의 수레를 끄는 마부는 굉장히 거드름을 피우는 사람이었다. 마부가 하루는 일을 마치고 집에 돌아오자 아내는 기다렸다는 듯이 헤어지자고 했다. 마부는 깜짝 놀라 그 이유를 물었는데, 아내는 주저하지 않고 대답했다.

"당신이 모시는 재상께서는 키가 겨우 5척밖에 안 되지만 제나라의 재상이 되어 제후들 사이에 명성이 매우 높습니다. 오늘 제가 그분이 외출하실 때 보니 지위가 높은 데도 불구하고 항상 자신을 낮추었습니다. 그런데 당신은 키가 8척이나 되지만 겨우 남의 마부에 지나지 않으면서도 오히려 스스로 만족해하며 뻐기고 있으니 내가 떠나겠다고 하는 것입니다."

아내의 말을 들은 마부는 자기가 다른 사람들 눈에 보이기에는 그럴 수도 있겠다고 뉘우치고 항상 겸손한 태도를 취하기로 마음먹었다.

그 이튿날 안영이 마부가 갑자기 겸손하게 바뀐 것을 보고 이상하게 여겨 까닭을 물었다. 마부는 겸연쩍어하며 며칠 전 아내가 했던 이야기를 사실대로 말해주었고, 안영은

그 이야기를 듣고 마부에게 관직을 내려 대부로 삼았다고 한다.[10]

　이 이야기는 사마천의 『사기』 중 「안영 열전」에 나오는 이야기다. 하찮은 지위, 요즘 말로 하면 고관의 운전기사였는데 목에 힘을 주고 의기양양해 하던 마부의 태도에서 '안자지어'라는 말이 유래되었다.
　요즘에도 높은 사람 밑에서 일하면 오히려 당사자보다도 더 잘난 척하고 자기가 마치 고관대작처럼 행동하는 경우를 종종 보는데, 그런 경우는 대부분 결말이 좋지 못하다.
　마치 자신이 대통령인 양 행동하다가 결국은 쇠고랑을 차고 구치소 신세를 면치 못했던 것을 우리 국민들은 이미 두 눈으로 똑똑히 보았다.
　안전에 있어서도 늘 겸손한 마음으로 관리자의 말을 잘 따르는 자세가 중요하다. 자신의 분야에 있어서는 가장 전문가이고 경험자이더라도, 자만하거나 방심하지 않고 어디엔가 잠재되어 있을 위험에 대비하여 항상 경계심을 가지고 조심해야 한다.
　또한 아내의 말을 듣고 겸손하게 자신을 변화시킨 마부의 행동에도 주목할 필요가 있을 것이다. 잘못된 문제에 대해 조언을 해주는 사람의 이야기를 경청하고 즉시 반영하여 위험요인을 제거하고 안전사고를 예방하는 것이 매우 중요하다.

소박한 성격과 청렴한 생활로 황희정승과 함께 '청백리(청렴결백한 관리)'로 통하는 맹사성의 이야기를 통해 예의범절에 대하여 더 이야기하고자 한다.

늘 소를 타고 다녔다고 전해지는 맹사성이지만 열아홉의 어린 나이에 장원 급제하여 스무 살에 경기도 파주의 사또가 되었을 만큼 일찍 출세했기 때문에 자만심으로 가득 차 있었다.

그러던 어느 날. 그는 무명 선사를 찾아가 물었다. "스님이 생각하기에 이 고을을 다스리는 사람으로서 내가 최고의 덕목으로 삼아야 할 좌우명이 무엇이라고 생각하오?" 그러자 무명 선사가 대답했다. "그건 어렵지 않지요. 나쁜 일을 하지 말고 착한 일을 많이 하시면 됩니다." "그런 건 삼척동자도 다 아는 이치인데, 먼 길을 온 나에게 해줄 말이 고작 그것뿐이오?" 맹사성은 거만하게 말하며 자리에서 일어나려 했다. 그러자 무명 선사가 녹차나 한잔하고 가라며 붙잡았다. 그는 못 이기는 척 자리에 앉았다. 그런데 스님은 물이 넘치도록 그의 찻잔에 자꾸만 차를 따르는 것이 아닌가. "스님, 물이 넘쳐 방바닥을 망칩니다." 맹사성이 소리쳤다. 하지만 스님은 태연하게 계속 찻잔이 넘치도록 차를 따르고 있었다. 그러고는 잔뜩 화가 나 있는 맹사성을 물끄러미 쳐다보며 말했다. "찻물이 넘쳐 방바닥을 적시는 것은 알고 지식이 넘쳐 인품을 망치는 것은 어찌 모르십니까?" 스님의 이 한마디에 맹사성은 부끄러움으로 얼굴이 붉어졌고 황급히 일어나 방문을 열고 나가려고 했다. 그러다가 문에 세게 부딪히고 말았다. 그러자 스님이 빙그레 웃으며 말했다. "고개를 숙이면 부딪치는 법이 없습니다."[11]

위의 이야기에서처럼 안전한 일터를 만들기 위해서는 상호 존중하는 예의범절을 지켜야 한다. 고개를 숙이면 부딪치는 일이 없을 것이다. 이러한 마음가짐을 늘 가슴속에 품고 생활한다면 동료나 상하 간에 서로를 위하는 마음으로 불안전한 요인을 제거하여 어떠한 사고도 일어나지 않을 것이다.

5. 안전한 습관

생산 현장뿐만 아니라 우리 사회에서 자신의 능력만을 믿고 자기 생각대로 업무를 수행하다 대형 사고를 유발하는 경우를 우리는 자주 목격하게 된다. 이를 빗대어 표현한 '우생마사(牛生馬死)'라는 사자성어가 있다. 홍수가 났을 때 수영을 잘하는 말(馬)은 자신의 수영 실력을 믿고 물살을 거스르려다 힘이 빠져 죽게 되고 소는 수영 실력이 부족한 것을 알기 때문에 물살에 몸을 맡기고 유유히 떠내려가면서 조금씩 뭍으로 나가 목숨을 구한다는 것이다. 헤엄을 잘하기 때문에 쉽게 죽지 않을 것 같았던 말이, 오히려 위기의 순간에는 자신의 수영 실력만을 믿고 무리한 행동을 하는 바람에 결국 죽게 되는 것이다.

「牛生馬死 (우생마사: 수영을 못하는 소는 살고 수영을 잘하는 말은 물에 빠져 죽다)」, 박영진, 2022, 행서.

아주 넓은 저수지에 말과 소를 동시에 풀어놓으면 둘 다 헤엄쳐서 뭍으로 나온다. 특히 말은 수영을 잘하기 때문에 소보다 두 배의 속도로 뭍으로 나오는데, 어쩜 그리 헤엄을 잘 치는지 그 광경을 보면 신기할 정도라고 한다. 반면에 수영 실력이 부족하고 물 안에서 힘이 부족한 소는 한참이 지난 후에야 뭍에 다다르게 된다고 한다.

그런데 장마철 갑자기 불어난 강물에서, 소와 말을 건너게 하면 상황은 달라진다.

말은 헤엄을 잘 치지만 자신의 수영 실력만을 믿고 물을 거슬러 오르려다 강한 물살에 힘이 빠져 제자리를 맴돌다 결국 지쳐서 물을 마시게 되면 그대로 익사하게 된다.

반면에 소는 자신의 수영 실력이 부족한 것을 알고 있기 때문에 절대로 물살을 거스르려 하지 않고 물살을 등에 지고 떠내려가면서 강 하구에서 물살이 약해지면 서서히 뭍으로 이동하여 여유 있게 강을 건너는 것이다.

소보다 헤엄을 두 배나 잘하는 말은 물살을 거슬러 오르려다 힘이 빠져 익사해버리는데, 헤엄을 잘하지 못하는 소는 물살에 편승해서 조금씩 조금씩 강가로 나와 목숨을 건지는 이야기는, 평소의 습관이 위험한 상황에서 얼마나 크게 작용하는지 일깨워 준다.[12]

오랜 경력을 가지고 있어서 능숙하게 작업을 할 수 있는 작업자는 한 번도 사고를 당해보지 않았기 때문에 방심하다가 결국 큰 사고를 당하게 되는 경우가 있다. 자신의 경험과 능력을 맹신하기보다는 항상 현장을 점검하고 안전하게 작업하려는 습관을 만드는 것이 무엇보다 중요하다.

인도 국민들로부터 성인으로 추앙받고 있는 간디의 말은 누구나 믿고 따를 뿐만 아니라 반드시 지켜야 하는 것으로 여겨지고 있었다. 어느 날 한 어머니가 아들을 데리고 간디를 찾아왔다.

"선생님 제 아이가 사탕을 너무 많이 먹어 이빨이 다 썩었어요. 사탕을 먹지 말라고 아무리 타일러도 말을 안 듣습니다. 제 아들은 선생님 말씀이라면 무엇이든 잘 들으니 선생님께서 사탕 좀 그만 먹으라고 말씀 좀 해주세요."

그런데 뜻밖에도 간디는 한 달 후에 다시 오라며, 그때 원하는 말을 해주겠다는 것이었다. 아이의 어머니는 놀랍고도 이상했지만 그를 믿고 한 달을 기다렸다가 다시 간디를 찾아갔다.

하지만 간디는 또다시 한 달만 더 있다가 오라고 말했다.
"또 한 달이나 기다려야 하니요?"

"글쎄 한 달만 더 있다가 오십시오."

아이 어머니는 정말 이해할 수 없었으나 참고 기다렸다. 한 달 후 다시 찾아가자 간디는 아이에게,

"얘야 지금부터는 사탕을 먹지 말아라."라고 말해 주었고, 아이는 "예! 절대로 사탕을 먹지 않겠습니다."라고 대답하였다.

소년의 어머니가 이리 쉬운 말 한마디를 하는데 왜 두 달씩이나 걸려야 했냐고 물었다. 그러자 간디가 말했다.

"실은 나도 사탕을 너무 좋아해서 사탕을 먹고 있었어요. 그런데 내가 어떻게 아이에게 사탕을 먹지 말라고 할 수가 있겠어요? 내가 사탕을 먹지 않는데 두 달이 걸렸답니다."[13]

간디와 같은 성인도 캔디를 즐겨 먹다가 사탕을 먹는 습관을 개선하는데 2개월이나 걸렸는데 하물며 근로자가 안전한 생활 습관으로 개선하는데 얼마나 많은 시간과 노력이 필요할까.

또한 산업현장의 관리감독자는 간디가 아이에게 사탕을 먹지 말라고 하기 전에 본인부터 좋아하던 캔디를 먹지 않았듯이 솔선수범하는 태도를 통하여 근로자의 안전한 작업습관을 이끌어 내어야 한다.

『논어』에는 "윗사람의 몸가짐이 바르면 명령하지 않아도 아랫사람은 행하고, 그 몸가짐이 부정하면 비록 호령하더라도 아랫사람은 따르지 않는다."라는 명언이 있다. '행동이 바른 사람은 명령을 내리지 않아도 부하가 따르나, 행동이 바르지 못한 사람은 아무리 명령을 해도 아무도 따르지 않는다.'는 뜻이다. 이는 어느 시대를 막론하고 지도자와 간부들이 명심해야 할 점이다. 부하들은 항상 지도자나 간부의 일거수일투족을 주시한다.14

부하 앞에서 그릇된 행동이나 태도를 보이면 부하는 지시에 따르지 않기 때문에 근로자의 안전한 습관을 만들기 위해서는 솔선수범하여야 한다.

안전한 작업습관으로 자신을 변화시키기 위해서는 많은 시간이 필요하고 스스로 하겠다는 의지와 노력이 필요하다. 그렇지 않고서는 개선할 수가 없는 것이다. 따라서 작업 전에 반드시 안점점검을 실시하여야 하고 안전장치나 안전시설, 보호구 등을 착용하고 미흡한 점을 개선하는 습관이 필요하다.

산업현장에서 자만하고 자신의 능력을 과신하는 사람, 다시 말해서, '위험에 익숙한 사람'이 사고를 당하는 경우가 종종 있다. 전기기술자가 전기에 감전되는 사고와 기계수리

정비사가 기계를 정비하다가 사고를 당하는 사례가 그렇다. 우리 속담에도 '수영 잘하는 사람이 물에 빠져 죽는다.'라는 말이 있다. 아무리 익숙한 작업장이더라도 작업 전에 3초의 여유를 가지고 한 번만 더 주변을 살피는 여유를 가진다면 동료와 나의 안전을 확보할 수 있게 된다.

삶을 변화시키는
3초의 안전한 습관

 아이가 잘못을 저질러 울상을 짓고 있을 때 3초만 말없이 웃어주자. 그 아이는 잘못을 뉘우치며 내 품으로 달려올지도 모른다.
 정말 화가 나서 참을 수 없는 때라도 3초만 고개 들어 하늘을 보자. 내가 화낼 일이 보잘것없는 일은 아닌지.
 엘리베이터를 탈 때 단기(▷◁) 단추를 누르지 말고 3초만 기다려 보자. 누군가 응급환자 때문에 달려올지도 모른다.
 출발신호가 나왔는데 앞차가 그냥 있어도 빵빵 울리지 말고 3초만 기다려주자. 그 사람이 인생의 중요한 기로에서 갈등하고 있는지 모른다.

내 차 앞으로 끼어드는 차가 있으면 3초만 서서 기다리자. 그 사람 식구가 정말 아플지도 모른다.

아침 뉴스에서 불행한 일을 당한 사람들을 보면 잠시 눈을 감고 3초만 기도하자. 당신의 인생에서 끝까지 남게 되는 영원의 시간이다.

죄짓고 감옥 가는 사람들을 볼 때 비난하기 전 3초만 생각하자. 내가 그 사람 입장이었다면 어떻게 했을까. 그 사람을 위해 3초만 기도하자.

아내가 화가 나서 소나기처럼 잔소리를 퍼부어도 3초만 미소 짓고 그냥 경청하자. 그녀에게 필요한 보약을 주고 있는 것이다.

아침에 눈을 뜨면 가슴에 손을 얹고 3초만 감사하자. 살아 있음에 오늘도 행복하리라.

힘들게 느껴질 때는 3초만 웃어보자. 좋아서 웃는 게 아니라 웃으니까 좋아진다.

친구와 헤어질 때 그 뒷모습을 3초만 보고 있어 주자. 혹시 가다가 뒤돌아봤을 때 웃어줄 수 있도록….

차창으로 고개를 내밀다 한 아이와 눈이 마주쳤을 때 3초만 그 아이에게 손을 흔들어 주자. 그 아이가 크면 분명

내 아이에게도 그리할 것이다.

그녀가 화가 나서 소나기처럼 욕을 퍼부어도 3초만 미소 짓고 들어주자. 그녀가 저녁엔 넉넉한 웃음으로 한잔 술을 부어줄지 모른다.

통화를 끝내고 작별인사 후 3초만 기다렸다가 수화기를 내려놓자. 상대방이 갑자기 추가할 내용이 떠올랐을지도 모르고, 냉정하게 먼저 끊는 나에게 나쁜 인상을 받을 수 있을 것이다.[15]

작업장에서 안전점검을 할 때와 작업 전 3초의 여유를 갖고 한 번 더 주변을 살피는 습관이 동료와 나의 안전을 확보할 수 있다.

6. 동종재해 재발 방지

'한 번 실수는 병가(兵家)의 상사(常事)'라는 고사성어가 있다. 전쟁을 하다보면 한 번의 실수는 늘 있는 일이라는 뜻으로 일에는 실수나 실패가 있을 수 있다는 말을 뜻하기도 한다. 산업현장은 생산과 위험에서 항상 전쟁을 하고 있는 것과 같다고 할 수 있다.

사회적으로 물의를 일으키는 대형 사고가 발생하면 방송에서는 전문가를 초청하여 토론회를 개최하곤 한다. 그런데 항상 결론은 '안전 불감증'이 원인이고 관계자의 안전의식을 지적하는 방식으로 토론은 흘러간다. 그럴 때마다 나는, 안전대책을 정확하게 제시하지 못하는 현실이 안타까울 따름이다. 우리 사회의 전반적인 안전관리가 체계적이고 조직적으로 구성되어 있지 않은 것과 근원적인 문제를 해결할 생각은 하지 않고 부분적으로 관계자의 책임으로 판단하여 해결하려는 것이 문제라고 생각한다. 그렇기 때문에 사고의 원인을 정확하게 파악하고 근본적인 해결 방안을 강구하여 다시는 이와 같은 사고가 재발하지 않도록 하여야 할 것이다.

안전사고 예방을 위해서는 산업현장에 작업자의 부주의나 현장 설비 결함 등으로 사고가 일어날 뻔하였으나 직접적인 사고로 이어지지 않은 '아차사고Near Miss'를 예방하여야 한다. 이러한 아차사고는 대형 산업재해의 전조증상이라고도 할 수 있기 때문에 주의가 필요하다. 같은 안전사고가 또다시 일어나지 않도록 하기 위해서는 이러한 아차사고 사례를 중심으로 아주 작은 사고라도 다시 발생되지 않도록 '동종재해 재발방지대책'을 강구하여야 한다.

한 번의 실수로 되돌릴 수 없는 사고를 당하여 평생을 불편한 몸으로 살아가거나 사망에까지 이르는 경우를 종종 볼 수가 있다. 본인은 물론 가족에게도 큰 시련일 수밖에 없다. '복수불반(覆水不返).' 즉, 엎어진 물을 그릇에 다시 담을 수 없다고 했던 강태공과 그 부인의 이야기에서처럼 산업재해는 되돌릴 수 없는 것이다.

주나라를 세운 무왕의 아버지 '서백'이 어느 날, 강가로 사냥을 나갔다가 피곤하여 강가를 거닐고 있을 때 낚시를 하고 있는 초라한 행색의 한 노인을 만나게 되었다. 인사를 나누고 이런저런 세상 사는 이야기를 나누던 서백은 깜짝 놀랐다. 초라하고 늙은 외모와는 달리 식견과 정연한 논리를 가진 그가 범상치 않았던 것이다.

단순히 세상을 오래 산 사람이 가질 수 있는 지혜 정도가 아니라 깊은 학문적 지식을 바탕으로 한 뛰어난 경륜이 서백을 놀라게 했다. 서백은 공손하게 엎드리며 물었다.

"어르신의 함자는 무슨 자를 쓰십니까?"

"성은 강(姜)이고 이름은 여상(呂尙)이라 하지요."

"말씀하시는 것을 들어보니 제가 스승으로 모셔야 할 분으로 여겨집니다. 부디 많은 것을 배우고 싶습니다."

"과한 말씀이오. 이런 촌구석에 틀어박힌 민초가 뭘 알겠소."

강여상은 사양을 거듭했으나 서백은 끈질기게 그를 설득하여 기어이 자신의 집으로 데리고 왔다. 강여상은 서백을 만나기 전까지는 끼니가 곤궁하여 아내마저 친정으로 가버릴 정도였다. 강여상은 서백의 집으로 와서 서백 아들의 스승이 되었다. 그 아들이 바로 주나라를 세운 무왕이며 강여상은 그 후 주나라의 재상이 되어 탁월한 지식과 지도력을 펼치며 승승장구했다.

어느날 강여상이 가마를 타고 지나가는데 웬 거렁뱅이 노파가 앞을 가로막는 것이었다. 바로 강여상을 버리고 떠난 아내였다. 남편인 여상이 주나라에서 출세를 하여 제후까지 되었다는 소문을 듣고 천 리 길을 찾아온 것이었다.

그녀는 땅바닥에 엎드려 울면서 용서를 빌었다. 강여상은 하인을 시켜 물을 한 그릇 가득 떠 오게 한 뒤, 그녀 앞에 물그릇을 던져 버렸다. 물은 다 쏟아지고 빈 그릇이 흙바닥에 뒹굴게 되었다.

"이 그릇에 도로 물을 담으시오. 그렇게만 된다면 당신을 용서하고 내 집에 데려가겠소."

"아니, 그게 말이나 됩니까? 한번 엎지른 물을 어떻게 도로 담습니까? 그것은 불가능합니다."

그러자 강여상은 차가운 목소리로 말했다.

"맞소. 한번 쏟아진 물은 주워 담을 수 없고 한번 집과 남편을 떠난 여자는 다시 돌아올 수 없소."

그러고는 마차를 타고 길을 떠났다.

강여상은 바로 '빈 낚시로 세월을 낚았다.'는 강태공이다.[16]

엎지른 물은 도로 담을 수 없다. 한번 저질러진 일은 돌이킬 수 없다는 의미다. 한번 실수로 인하여 안전사고를 당하게 되면 다시는 되돌릴 수 없을 뿐만 아니라 한 가정이 파탄의 길로 갈 수도 있다. 안전은 결과도 중요하지만 과정이 무엇보다 중요하다고 할 수 있다. 우리는 안전사고가 발생하면 결과에 따라 책임을 규명하는데 이는 매우 잘못된 것이다. 영국의 죄수 이송 과정에 대한 사례를 보면 사고 발생 원인에서 문제점을 찾아서 대책을 강구하는 것이 필요하다.

1776년 미국은 독립을 선언하고 영국과 독립전쟁을 하게 되었다. 영국은 죄수들을 가두고 있던 감옥이 미국 독립군에게 함락되자 범인들을 가둘 곳이 없어졌고 호주로 죄수들을 보내기로 결정했다.

19세기 영국에서는 이민자가 부족한 호주를 개척하기 위해 죄수들을 배에 실어 호주 대륙으로 보냈으며 영국 정부는 배를 가진 선장들과 계약을 맺고 그들에게 이송비를 지급했다.

그런데 호주로 가는 배에서 죄수들이 죽어나가는 일이 계속해서 벌어졌다. 길고 위험한 항해를 해야 하는 선장들이 위생문제를 방치하고 죄수들에게 먹을 것을 제대로 주지 않았기 때문이다. 영국에서 출발해 무사히 호주에 도착하는 죄수의 비율이 40%를 넘지 못할 정도였던 것이다. 영국 정부와 인권 단체들이 "죄수들이 무사히 호주로 가게 해 달라."고 선장들에게 호소했지만, 선장들은 들은 척도 하지 않았다.

이때 빈민 문제와 공중보건 문제를 주로 다루던 사회개혁가 '에드윈 채드윅Edwin Chadwick'이 한 가지 아이디어를 냈다. 채드윅은 영국 정부에 "선장들에게 미리 돈을 주지 말고 배가 호주에 도착했을 때 살아있는 죄수의 수에 비례해서 이송비를 주자."고 제안했다.

영국 정부가 채드윅의 말대로 지급방식을 바꾸었더니 놀라운 변화가 나타났다. 40%에 그치던 죄수의 생존율이 98%까지 증가한 것이었다. 선장들이 더 많은 이송비를 받기 위해 배의 정원만큼만 죄수들을 태우고 깨끗한 위생시설과 좋은 음식을 제공했기 때문이다.[17]

결과도 중요하지만 이를 이행하기 위한 과정도 중요하다. 결과에만 집중하게 되면 과정에서 문제가 발생하여 원하지 않는 결과를 초래하게 된다.

지금은 제도가 없어졌지만 몇 년 전만 해도 일정 기간 동안 재해가 발생하지 않으면 '무재해사업장'을 인증해 주는 제도가 있었다. 기업에서는 무재해 목표를 달성하기 위한 조건을 충족하기 위해 사고를 은폐하는 부작용을 낳기도 했다. 앞선 사례에서 보는 바와 같이 안전사고 예방을 위해서는 근로자나 관리자에게 인센티브를 주면서 안전사고를 예방하도록 하는 것이 좋다.

 재해가 일어났을 때는 그 사고의 원인에 대하여 철저하게 분석하고 조사하여 다시는 동종 재해가 일어나지 않도록 예방해야 한다.

 불안전한 문제가 있으면 즉시 개선하는 것이 중요하다고 하여 '과즉물탄개(過則勿憚改)' 즉, 과오가 있으면 즉시 개선 조치하라는 말이 있다.

과즉물탄개 (過則勿憚改)

'세 살 버릇이 여든까지 간다.'라는 옛 속담이 있듯 우리의 나쁜 습관은 하루아침에 개선되지 않는다. 인간은 성장하면서 많은 습관을 형성하는 것이기 때문에, 좋은 습관과 나쁜 습관을 동시에 가지게 되는 것은 어쩌면 당연한 것이기도 하다. 다시 말해서, 이 세상에 완벽한 사람은 없다.

『논어』에서 공자는 "인간은 잘못된 습관이나 과실이 있으면 그 과실을 고치는데 망설이지 말고 즉시 고쳐야 한다 (과즉물탄개 過則勿憚改)"라고 말하고 있다.

본인 스스로 잘못을 파악하기는 어렵기 때문에 주변에

서 지적해주는 것이 좋다. 그런데 요즈음에는 학교에서 선생님이 학생의 잘못을 지적하고 시정시키려고 하면 학생들이 싫어하기 때문에 선생님들도 잘못을 지적하기가 어렵다고 한다.

이러한 현실에서 어른에게 충고를 하고 잘못을 지적해주면 오히려 화를 내기 때문에 그냥 지나치는 경향이 있다.

"상대방과 원수가 되려면 상대방에게 충고를 자주하라"고 할 정도이다 보니 자기에 대한 비판이나 지적을 겸손하게 받아들이고 개선하려고 노력하는 사람이 다른 사람들에게 존경받는 일은 당연한 것이다.[18]

이렇게 잘못을 지적하고 개선할 것을 권유하여도 자기의 고집대로 일을 집행하다보면 크게 후회하는 일이 생기게 된다. 평상시에는 주변 사람들의 의견을 잘 듣다가도 어느 순간에 자기 고집대로 일을 처리하여 대형 사고를 발생시키는 경우가 많다.

안전사고 또한 어느 한순간의 판단이나 실수로 인하여 발생되기 때문에 주위의 관리자나 안전관리자의 요구사항에 대하여 즉시 개선조치하고 협조하여야 할 것이다.

7. 전원참가

우리나라는 그동안 산업발전에 주력하느라 안전사고 예방을 소홀히 하여 한동안 대형 사고가 끊이지 않고 발생한 적이 있다. 행정규제를 완화하여 기업경쟁력을 제고하기 위해 안전관리업무의 규제를 제일 먼저 완화시키고 안전관리부서를 없애거나 통폐합시켜버렸던 것이다.

그로 인하여 열차 사고, 항공기 사고, 유람선 화재, 한강 다리 붕괴, 백화점 붕괴 등 모든 분야에서 대형 사고가 발생하였다. 그 결과 민심은 흉흉해지고 결국에는 외환위기가 찾아와 구제 금융으로 인한 구조조정 등 많은 어려움을 겪게 되었다.

모든 분야에서 안전은 기본이며 이를 위해서는 모든 사람이 혼연일체가 되어 함께하지 않으면 무재해를 달성할 수 없는 것이다.

당태종 이세민과 충신 위징의 이야기를 통해 우리는 안전에 대한 중요성은 물론, 경영자의 자세를 배울 수 있다. '평안할 때에도 위험과 곤란이 닥칠 것을 생각하며 잊지 말고 미리 대비하라.'고 하는 거안사위(居安思危)의 정신은 '미리 준비가 되어 있으면 우환을 당하지 않는다.'는 유비무환(有備無患)과도 일맥상통한다. 안전이란 항상 조심하고 예방해야 한다는 사실을 다시금 일깨워주고 있다.

거안사위(居安思危)

위징은 이세민의 형 황태자 이건성의 시종관으로 있으면서 당태종 이세민을 죽일 것을 건의하고 계교를 마련하였다. 그러나 이세민이 먼저 현무문의 변을 일으켜 태자 이건성을 주살하고 위징을 불러 이렇게 질책했다.

"네가 우리 형제를 이간시킨 건 무슨 까닭인가?"

사람들이 모두 그 말을 듣고 두려움에 떨었다. 그러나 위징은 비분강개하면서도 태연자약하고 조용한 태도로 대답했다.

"황태자께서 신의 말을 따랐다면 틀림없이 오늘의 참화를 당하지 않았을 것입니다."

「居安思危 (거안사위: 편안할 때도 위태로울 때의 일을 생각하라)」
박영진, 2022, 금문.

당태종은 그 모습을 보고는 표정을 바로잡고 특별하게 예우하며 간의대부로 발탁했고, 자주 침전으로 불러들여 정치의 방략을 자문했다.

위징은 평소에 나라를 경륜할 만한 재능을 지니고 있었고 성격 또한 강직하여 자신의 올바른 뜻을 굽히지 않았다. 당태종은 매번 그와 이야기를 나눌 때마다 기뻐하지 않은 적이 없었다. 위징도 자신을 알아주는 임금을 만나 자신의 능력을 다 바쳤다. 당태종은 연회에서 이렇게 말했다.

"위징은 지난날 사실 나의 원수였지만 당시에는 자신이 섬기는 주군을 위해 마음을 다했으니 가상하게 여길 만한 사람이오. 짐이 이제 능히 그를 발탁하여 등용할 수 있게 되었는데, 이것이 옛사람들의 사적에 비추어 무슨 부끄러움이 있겠소? 위징은 매번 나의 안색을 범하면서까지 간절하게 간언을 올리며 내가 잘못을 저지르지 못하도록 하고 있소. 이 점이 내가 그를 중시하는 까닭이오."

당태종 이세민의 정관15년, 당태종이 신하들에게 물었다. "나라를 평화롭게 유지하는 것이 어려운 일이겠소, 아니면 쉬운 일이겠소?" 당나라 문하성의 장관으로 황제의 명령을 출납하고 백관을 총괄하는 위징이 대답했다. "매우 어려운 일이라고 생각합니다." 그러자 당태종이 말했다. "현명하고 유능한 사람을 관직에 임명하고 간언을 받아들이면 가능한 일인데 어찌하여 어렵다고 하오?" 위징이 말했다.

"자고이래로 역대 제왕들을 살펴보면 우환과 위기가 닥쳤을 때는 현명한 사람을 관직에 임명하고 간언을 받아들였습니다. 하지만 천하가 평안해지면 반드시 언행이 느슨해지고 게을러졌습니다. 그리고 정사에 대해 의견을 말하려는 사람이 있으면 그들에게 두려운 마음을 심어주었고, 그렇게 나날이 쇠퇴를 거듭하는 가운데 결국 망국의 지경에까지 이른 것입니다. 성인들께서 편안하게 살 때도 장래의 위기를 생각해야 한다고 말한 까닭이 바로 이 때문입니다. 편안한 생활 속에서도 늘 두려운 마음을 지녀야 하니 이 어찌 어려운 일이 아니겠습니까?" 세월이 흘러 위징이 병으로 누웠다. 당태종 이세민은 위징이 위독하다는 소식을 듣자마자 한걸음에 그에게 달려갔다. 위징은 죽어가며 "지금 당나라는 정치를 잘해서 백성들이 태평성대를 누리고 있는데 지금이 바로 위기입니다. 평안할 때 위기에 대처해야 합니다."라는 말을 당태종에게 남기고 세상을 떠났다.

위징이 세상을 떠났을 때 당태종은 친히 왕림하여 통곡했다. 당태종은 이후에 근신들에게 다음과 같이 말한 적이 있다. "대저 동(銅)으로 거울을 만들면 나의 의관을 단정히 할 수 있고, 옛 역사를 거울로 삼으면 나라의 흥망성쇠를 알 수 있고, 사람을 거울로 삼으면 나의 잘잘못을 밝게 비춰볼 수 있소. 짐은 항상 이 세 가지 거울을 보존하며 스스로의 잘못을 예방하려 했소. 이제 위징이 세상을 떠나서 마침내 거울 하나를 잃게 되었소."[19]

자신을 죽이려고 했던 위징을 중용해서 그의 직언을 듣고 나라를 통치했던 당태종 이세민의 리더십을 보면서 조직을 운영하는 데는 능력자를 발탁하고 적재적소에 인력을 배치하는 것이 무엇보다 중요하다는 것을 알 수 있다. CEO는 자신이 지금까지 해왔던 회사 운영방식도 중요하지만 관리자들의 의견을 경청하는 자세도 필요하다.

얼마 전에 고인이 되신 삼성그룹의 고 이건희 회장은 이 거안사위를 자신의 경영철학으로 삼았다. 아버지인 고 이병철 회장으로부터 그가 그룹을 물려받았을 때는 삼성그룹이 눈부신 발전을 이루고 있던 시기였고, 그냥 가만히만 있어도 계속 번창할 수 있을 것 같은 분위기였다. 하지만 고 이건희 회장은 그에 만족하지 않았고, "마누라와 자식만 빼고 다 바꿔라"라고 말하며 혁신경영을 펼쳤던 것이다. 그러한 혁신경영을 통해 항상 위기의식을 가지고 조직을 운영하며 발전시켰기 때문에 현재의 삼성그룹을 만들 수 있었다고 한다.

그동안 안전사고가 발생하지 않은 사업장이라고 자만하는 회사가 있는데, 평안할 때 위기에 대처해야 한다고 하는 거안사위(居安思危)를 생각하면서 안전하다고 생각할 때일수록 더욱더 안전사고 예방에 전 임직원이 노력해야 할 것이다.

행주대첩

행주대첩은 임진왜란 당시 권율(權慄) 장군이 고양 행주 산성에서 일본군 3만 명을 맞이하여 대파한 전투이다. 이 역사적 사건은 한산도대첩, 진주대첩과 함께 임진왜란 3 대 대첩으로 불린다. 권율 장군은 조방장 조경과 승장 처영 등 정병 2,300명을 거느리고 한강을 건너 행주 덕양산 에 진을 구축하였다. 행주산성에 주둔한 조선군은 해발 124.9m의 덕양산에 이중으로 목책성을 설치하고 토성을 보완한 후 활과 화살을 점검하고 화차와 화약을 정비하였 다. 1593년 2월 12일 새벽 6시경 일본군 선봉 100여 기병 이 나타나고 뒤이어 거대한 대군이 성을 둘러쌌다. 이어

마침내 7차례에 걸친 치열한 왜군의 공격이 시작되었다.

승병이 지키고 있는 제5차, 제6차 집중공격으로 약해진 서북쪽의 자성을 공격해서 그곳의 일부분을 뚫고 내성까지 돌입하였다. 이때 승병들이 동요하기 시작하자 지휘소에서 이를 지켜보고 있던 권율 장군이 대검을 빼어들고 총공격을 외치자 승군들은 다시 전열을 재정비하여 분전하였다. 옆 진영의 조선군도 왜군을 향해 궁시를 집중 발사하며 처절한 근접전이 전개되었다. 이때 조선군 진영에 화살이 떨어져 투석전을 펼쳤다. 화살이 떨어진 것을 안 왜군은 기세를 올리며 집중공격을 가했다. 그러자 부녀자들도 치마를 잘라 허리에 묶고 돌을 담아 날라 왜군에 맞서 싸웠다. 산성의 관군, 의병, 승군, 부녀자들이 모두 혼신의 힘을 다하여 공격을 막아내야만 하였다. 행주산성 전투는 아침 6시부터 저녁 6시까지 12시간 동안의 분전이었다. 왜군은 일곱 차례의 공격과 퇴각을 되풀이하였고 조선군은 필사적으로 성을 지켜냈다. 왜군은 해가 저물면서 전력도 약해지고 조선군의 기습도 두려워 시체를 네 곳에 모아 불태우고 한성으로 퇴각하였다. 이 전투에서 일본군은 총대장 우키다 히데이에를 비롯해서 키카와 히로이에, 이시다

미쓰나리, 마에노 나가야스 등 4명의 장수가 부상을 당하는 피해를 입었고, 1만여 명의 사상자를 냈다.

행주대첩의 승리 요인은 권율 장군의 뛰어난 전략전술과 최첨단 과학 무기 신기전 사용, 산성의 자연적, 지리적인 조건과 민·관·군이 혼신을 다한 협동심이 있었다. 행주대첩은 임진왜란 발발 후 전세를 역전시킨 중요한 전환점이 되었으며 전의를 상실한 명나라 원군에게 반성과 용기를 촉구하여 한성을 수복하는 계기가 되었다.[20]

행주대첩에서 관군 2300명과 일본군 3만명의 전투에서 승리할수 있었던 것은 부녀자는 물론이거니와 민·관·군 전원이 단결하였기 때문에 승리한 것이다.

산업현장에서는 권율 장군과 같은 사업주의 안전사고 예방에 대한 의지와 작업특성에 적합한 안전장치, 안전시설, 보호구를 지급하고 전원이 다함께 참여하여 안전한 작업환경을 조성하는 것이 가장 중요할 것이다.

행주대첩에서처럼 산업현장의 안전을 위해서는 누구 한 사람이라도 방심하고 안일하게 행동하는 사람이 있어서는 안될 것이다. 경영책임자와 숙련된 관리자의 지도 아래 모두가 한마음 한뜻으로 안전한 일터를 만들기 위해 전 임직원이 합심하여야 한다.

새마을운동

2013년 6월 18일 새마을운동 관련 기록물이 난중일기와 함께 세계기록유산에 등재되었다. 대한민국 농촌 현대화를 추구하며 한 지역사회개발운동이다. 1970년 4월에 당시 박정희 정권이 전국지방장관회의에서 새마을 가꾸기 운동을 거론하면서 5~6월에 구체적인 방안이 마련되어 전개된 농촌 계몽 운동이며 근면(勤勉), 자조(自助), 협동(協動)을 3대 정신으로 하고 있다.

새마을운동 계획자는 전(前) 건국대학교 부총장이자 농업전문가, 유대인 전문가로 유명한 류태영 박사다. 고학으로 대학교까지 졸업한 류 박사는 앞으로 국가를 위해 뭘

할 수 있을까를 고민하던 중 우연치 않게 덴마크 왕실의 후진국 특례 유학생 제도가 있음을 확인하여 영문으로 자신의 농촌 계몽 의지를 피력했다. 그리고 그 뜻이 수용되어 약 10여 년 간 유럽 각국과 이스라엘 등을 다니며 농촌계몽과 현대화 등을 연구하고, 이스라엘에서 농업교수를 역임한 후 귀국하여 새마을운동을 이끌었다고 한다.

당시 박정희 정권은 새마을운동에 대한 강한 의지를 가지고 있었다. 류태영 박사가 새마을운동의 성패는 고위 공직자의 정책 이해와 솔선수범에 달려있다고 말하자 삼일 후 특명으로 비서실장, 경호실장을 포함한 청와대 내의 간부 전원을 지하 대강당에 소집해서 류태영 박사의 교육을 듣게 했다. 말하자면 최초의 새마을 연수자들이다.

몇 년 후 광주에서 장관, 지역단체장 등 고위공직자 1천여 명을 상대로 청와대 때와 같은 내용의 교육을 했었는데, 박정희 대통령이 처음부터 끝까지 참석해서 1천여 명의 청중이 강연이 끝날 때까지 한 명도 자리를 뜨지 못했다고 한다.

1969년 11월에 농촌근대화촉진법이 발표되고, 이어서 1971년부터 시행되기 시작한다. 1973년부터는 대통령실과 내무부에 관련 조직이 설치되었고, (내무부 지방국 새마을지도과, 새마을운동중앙협의회) 새마을지도자연수원(새마을운동중앙연수원의 전신)이 신설되어 새마을운동 지도자의 교육이 이루어지기 시작했다. 1975년에는 도시와 공장으로도 확대되었다. 새마을운동은 1971년에 새마을운동 의식을 확산하는 기반을 구축하고, 경제난을 해결하며 1980년에 완성하여 국력을 향상시키고 농어촌의 복지를 향상시키는 것으로 하여 10년 동안 전 국민이 다함께 잘살아 보기 운동을 전개하였던 것이다.

당시 새마을운동은 초가집을 없애고 슬레이트 지붕으로 개량하는 등 서양식 현대화 주택 건설 및 농기계 등 첨단장비 보급과 기존 흙길을 시멘트 혹은 아스팔트 길로 포장하여 도로 환경미화 사업은 물론 새마을지도자들을 양성하고 각종 정신교육을 실시하였다.

특히 배급받은 시멘트를 사용하지 않은 마을은 다음 지원대상에서 제외시키는 방법으로 경쟁을 유발시켰으며 지원받은 시멘트를 잘 활용하는 마을에 한해서 철근 등 자재를 지원하면서 국민적인 반응이 커지게 된 것이다. 이렇게 호응을 얻기 시작한 새마을운동은 정부에 의해 전국적으로 확산되어, 결과적으로 한국 농촌에서 초가집이 사라지고 마을 안길이 포장되었으며 농지가 정리되어 기계영농

을 할 수 있는 등의 가시적인 성과를 낳게 되었다.[21]

새마을운동이 성공을 거둘 수 있었던 것은 대통령이 앞장서고 사회지도층 인사들이 솔선수범하는 등 전 국민이 잘 살아 보기 운동에 동참하였기 때문이었다.

새마을운동 초기에 필자는 초등학교에 다니고 있었는데 전 국민 운동으로 전개하였으며 초등학생들은 화투를 제출하고 화투를 모아서 불태우며 화투는 시간을 낭비하고 생산활동을 저해하기 때문에 도박을 하지 못하도록 하는 정신교육을 실시하였다.

새마을운동은 전 국민이 동참하였으며 새마을지도자를 중심으로 지역별 경진대회를 개최하여 모범사례를 발굴하고 모범마을로 지정되면 많은 혜택을 부여하여 인근 마을에서 부러워하였다.

안전한 사회를 만들기 위해서는 국가 지도자가 앞장서고 사회지도층 인사가 솔선수범하며 전 국민이 안전사고 없는 안전한 나라, 안전한 작업현장, 안전한 가정을 만들기 위해 새마을운동처럼 다함께 지속적으로 노력하여야 한다.

우리나라를 안전한 나라로 만들기 위해서는 행주대첩에서 권율 장군을 중심으로 부녀자들까지 합심하여 승리할 수 있었고, 새마을운동을 통하여 전국민이 일심동체가 되어 성공할 수 있었던 것처럼 전 국민이 다 함께 참여하여야 할 것이다. 안전문화를 정착하기 위해서 정부에서는 안전사고 예방을 위해 새마을운동을 전개하듯이 정부가 앞장서서 안전한 사회를 만들기 위해 안전정책을 개발하고 홍보하는 등 선도적인 역할이 필요하다. 사업주와 경영책임자는 근로자의 생명과 건강을 보호하기 위해, 산업재해는 개인의 노력과 의지만으로 예방할 수 없으며 '사람은 실수하고, 기계는 고장난다.'는 사실을 인식하고 안전보건관리시스템을 구축하여야 한다.

안전관리자는 관리자로서의 역량을 발휘하여 불안전한 요인을 발굴하고 개선조치 하며 안전관리에 대한 기술적인 사항을 지도·조언하여야 한다. 관리감독자는 생산현장에서 위험요인을 사전에 제거하기 위한 안전점검 등을 실시하여 불안전한 요인을 제거하여야 한다. 근로자는 안전교육을 받는 등 안전조치 의무를 이행하며 지급된 보호구를 철저히 착용하고 안전시설을 사용하는 등 회사에서 실시하는 안전상의 조치에 적극 협조하여야 한다.

이제부터라도 우리 스스로 안전을 확보하기 위해 전반적으로 기본에 충실하고 전 국민이 안전을 생활화하여, 다 함께 안전한 사회, 안전한 국가를 만들기 위해 노력하여야 할 것이다.

나무는 꽃을 버려야 열매를 얻고,
강물은 강을 떠나야 바다로 간다.

제 **5** 장

안전의 발자취

安
全

1. 근로기준법 제정

에이브러햄 매슬로우Abraham Maslow는 인간의 욕구를 다섯 가지로 구분했다. 생리적 욕구physiological needs, 안전해지려는 욕구safety needs, 사랑과 소속 욕구love & belonging needs, 존경 욕구 esteem needs, 자아실현 욕구self-actualization needs를 말하는데, 인간은 살아가면서 이 욕구들을 차례로 만족하고자 노력하게 된다.

첫 번째 '생리적 욕구'는 숨 쉬고 먹고 자고 입는 등 우리 생활에 있어서 가장 기본적인 요소들이 포함된다. 하루 세 끼 밥을 먹는 것, 때마다 화장실에 가는 것, 그리고 종족 번식 본능 등 이러한 생리적 욕구가 해결되어야 다음 단계인 '안전해지려는 욕구'가 생기게 된다는 것이다.

우리나라는 1950년대 전쟁을 겪으면서 이후 먹고사는 문제에 주력할 수밖에 없었다. 생리적 욕구를 충족시키기에 급급했기 때문에 다른 것을 생각할 겨를이 없었다. 지난가을에 수확한 양식은 바닥을 보이고 보리는 미처 여물지 않아 농촌에서는 오뉴월을 '보릿고개'라 부르며 빈곤한 생활을 할 수밖에 없었다.

'보릿고개'는 당시 농경사회였던 우리나라의 경제적 어려움을 상징하는 말이기도 하다. 해방 이전에는 일제의 약탈로, 전쟁을 겪고 난 이후에는 황폐해진 농촌 환경으로 인해 가혹한 기근에 시달릴 수밖에 없었다.

이러한 생리적 욕구를 충족시키기 위해 수많은 희생을 감수하면서 산업의 발달에 치중하다 보니 국가와 기업에서도 안전이나 작업환경에는 전혀 신경을 쓰지 못했다.

1953년 5월 10일 만들어진 '근로기준법'이 근로자의 안전관리를 위한 유일한 조치였다. 근로기준법이란 '헌법에 따라서 근로조건의 기준을 정함으로써 근로자의 기본적 생활을 보장하고 향상시키며 균형 있는 국민경제의 발전을 도모하기 위해 제정한 법'을 말한다.

근로기준법 제64조에서 제74조까지 11개 조항으로 이루어진 안전 및 보건에 대한 내용에서 "사업주는 근로자가 안전하고 쾌적한 상태에서 근로할 수 있도록 하여야 한다."는 내용을 포괄적으로 명시하고 있었고 필요 시 대통령령으로 개정하여 보완되어 시행하였다.

하지만 현실은 여전히 개선되지 못했다. 선진국이나 개발도상국에서는 안전에 관심을 가지고 인명을 존중하는 법안과 조치들이 이루어지고 있었지만 보릿고개로 대변되는 생리적 욕구 문제로 말미암아 우리나라는 이에 대한 관심이 부족할 수밖에 없었다. 한 예로, 당시에 큰 공사를 하게 되면 공사금액에 따라 사망사고가 일어날 숫자를 미리 예측하고 공사를 진행하였을 정도였다고 한다. 얼마나 많은 사고와 재해가 일어났었는지 지금에 와서는 짐작조차 할 수 없는 일이다.

2. 산업안전보건법 제정

　　1981년 12월 31일. 산업안전보건법이 특별법으로 제정되었다. '산업안전보건법'이란 산업 안전 및 보건에 관한 기준을 확립하고 그 책임의 소재를 명확하게 하여 산업재해를 예방하고 쾌적한 작업환경을 조성함으로써 근로자의 안전 및 보건을 유지하고 증진하는 것을 목적으로 만들어진 법률이다.

　　산업안전보건법에는 안전관리자나 보건관리자의 자격이 명시되어 있어서, 자격을 갖춘 안전 및 보건관리자들이 개별 사업장에서 적극적으로 활동하는 계기가 되었다.

　　우리나라에서도 산업사회가 급속도로 발달하며 매슬로

우가 말한 '생리적 욕구'가 충족되었고 그다음 단계인 '안전해지려는 욕구'를 생각하게 되었다. 이것은 '신체적, 감정적, 경제적 위험으로부터 보호받고 싶은 욕구'를 말한다. 두려움이나 혼란스러운 것이 아닌 평상심과 질서를 유지하고자 하는 욕구를 말하는 것으로, 안전에 위협을 느낀 사람들은 불확실한 것보다는 확실한 것, 낯선 것보다는 익숙한 것과 안정적인 것을 선호하게 되었다. 직장에서의 고용안정과 개인적인 안정, 재정적인 안정, 사고나 질병으로부터의 안전을 추구하기 시작했던 것이다.

산업사회의 발달로 인하여 사업장에서는 기계설비가 대형화, 고도화되고 대규모 건설현장이 늘어남에 따라 중대재해가 급증하였다. 유해화학물질의 사용범위가 확대됨에 따라 새로운 직업병도 생기게 되었다. 산업안전보건법에서는 이러한 새로운 문제들까지 예방할 수 있는 내용이 담겼다.
1987년 12월. 산업재해예방 사업을 효율적으로 수행하기 위하여 고용노동부 소속의 정부출연기관인 안전보건공단이 발족되었고 안전에 대한 대국민 홍보와 사업장에 대한 기술지원 등의 업무를 하며 안전사고 예방을 위해 노력했다. 민간재해예방기관에서도 사업장 방문지도를 통해 안전사고 예방의 중요성을 설명하고 현장에서 안전시설 개선지도와 안전교육지원 등을 실시하여 사업주와 근로자의 안전의식을 고취시키는 데 큰 역할을 했다.

그러나 여전히 국민들의 안전의식은 부족했고 사업장에서는 생산증대와 품질향상에만 치중하였으며, 행정적으로는 안전을 전문으로 하는 기술 인력이 부족했다. 그 결과 산업안전보건법 제정 이후에도 실질적인 재해예방에는 한계가 있었다.

사업주는 안전관리자에게 권한을 부여하지 않으면서, 중대재해가 발생하게 되면 책임만을 부담하도록 했고, 이것은 결국 안전관리 업무의 기피현상으로 이어지게 되었다. 산업발달에 따른 설비의 변경과 각종 화학물질 사용 등으로 인하여 현실성 있는 산업안전보건법 '개정'의 필요성이 대두되었다.

3. 개정된 산업안전보건법

1990년은 안전의 역사에서 격동의 한 해였다. 1987년 6월 항쟁으로 대통령 선거가 직선제로 바뀌었고, 그러한 사회적 분위기 속에서 근로자들의 권리를 주장하는 목소리가 커지기 시작했다. 뿐만 아니라 설비의 자동화와 화학물질의 다양화 그리고 건설현장의 대형화로 인해 산업재해가 빈번하게 발생하였다. 결국 기존의 산업안전보건법으로는 안전사고를 예방하기에 부족한 점들이 발견되어, 1990년 1월 13일, 산업안전보건법을 전면적으로 개정하게 된다.

개정된 산업안전보건법은 전문적이고 기술적인 사항이

90% 이상을 차지하고 있어서 유해 위험요인을 제거하는 데 보다 유용해졌다. 사업주와 근로자, 정부에 대해서도 책임과 의무를 부여하는 강제적인 성격을 지니고 있으며, 기존에 비하여 더 복잡하고 다양해졌다는 특징을 가진다. 각 영역별 책임소재를 명확히 하여 각자 맡은 바 직무를 성실하게 수행할 수 있도록 법에 명시하기도 했다.

안전관리 시스템에서 보면 '스태프형 안전관리staff type safety management'와 '라인형 안전관리line system for safety management'의 단점들을 보완하고 절충한 '라인·스태프형 안전관리line and staff system for safety management' 시스템을 적용했다.

안전·보건관리자가 사업주에게 안전보건에 대한 기술적인 사항을 조언하면, 사업주는 이를 라인조직에 있는 관리감독자에게 지시하여 안전업무를 수행할 수 있도록 한 것이다. 또한 근로자는 생산현장의 관리자로부터 작업지시를 받을 때 안전 및 보건 업무 내용과 관련하여 작업지시를 받게 되어 안전사고 예방에 실질적인 도움이 될 수 있었다.

특히, 근로자의 준수 의무사항을 이행하지 않았을 때는 근로자에게 과태료를 부과하는 것을 명시하여 경각심을 부여했다. 이로 인하여 법원에서 민사소송 시 근로자의 의무이행사항을 고려하여 판결하고 있는 현실이다.

　1997년 외환위기가 도래했다. 사업이 축소되고 기업들이 연이어 도산했다. 이로 인하여 행정규제를 완화한다는 명분으로 안전관리 업무가 규제 완화 대상이 되어 일부는 변경되거나 유예되었다. 작업현장에 정식직원과 파견근무자가 함께 근무하는 등 유해하고 위험한 작업을 외주에 맡기는 이른바 '위험의 외주화'로 인하여 중대재해가 다발하게 되었다.

4. 산업안전보건법의 전면 개정

1981년 12월에 제정되어 1990년 1월 개정된 산업안전보건법이 무려 28년만인 2019년 1월 전면 개정되었다. 법률상의 전면 개정이다 보니 조문의 배열이 많이 바뀌었고 종전 산업안전보건법에서 규정하고 있지 않은 새로운 제도도 상당수 도입되었다.

산업안전보건법이 전면 개정된 배경에는 크게 세 가지가 있다. 첫째, 우리나라가 OECD 국가 중 산업재해로 인한 근로자 사망률이 최고 수준으로 높으며, 둘째, 국내에서 유통되는 화학물질의 양과 종류가 급속도로 증가하는 추세이고, 셋째, 택배기사나 음식배달원과 같은 소위 '특수형태근로종사자'에 대한 산재예방의 필요성이 대두되었기 때문이다.

　1) 법의 보호대상 확대 : 골프장 캐디, 학습지 교사, 화물트럭 기사와 같이 특수 형태의 근로 종사자나 배달대행원 등 플랫폼 종사자는 기존 산업안전보건법의 사각지대에 놓여 있어 보호받지 못했으나, '노무를 제공하는 자'라는 포괄적인 개념을 적용하여 안전과 보건을 유지, 증진하며 산업재해에 있어 법의 보호를 받을 수 있게 되었다.

　2) 온당한 책임을 묻는 벌칙규정 : 안전 및 보건조치 의무 위반사항으로 인하여 사상자가 발생한 경우에는 산업안전보건법 위반과 형법상 과실치사상죄가 동시에 성립되는데, 경찰과 유기적인 협조관계를 유지하며 산업안전보건법 위반죄와 업무상 과실치사상죄가 반드시 병합하여 공소가 제기되도록 하였으며, 산재발생 미보고 시 처벌 수준이 상향 조정되어, 은폐하도록 교사하거나 공모한 자에 대해서도 징역이나 벌금에 처하도록 하는 형사처벌 조항을 신설하였다.

　3) 화학물질 관리제도 개선 : 유해인자로 분류된 화학물질에 대해서는 명칭과 함유량 등 자세한 정보를 정부에 제출하도록 하였다.

　기업이 자율적으로 재해예방 활동을 하고 안전·보건관

리자를 지휘감독하기 위하여 안전보건관리책임자를 선임하도록 하고 있으며, 제조업 대부분이 상시근로자 50인 이상 근무하는 곳에는 사업주 또는 대표이사를 책임자로 선임하고, 사업주나 대표이사가 상주하지 않는 경우에는 사업주가 경영의 실질적인 책임과 권한을 위임한 개인이나 공장장, 사업소장, 지점장, 현장소장을 안전관리책임자로 선임하여 그 직무를 수행하도록 하고 있다.

사업장 내 부서단위에서 안전관리 업무를 수행하기 위해 부서의 장이나 그 직위에 있는 자를 관리감독자로 지정하여 안전·보건관리자의 의견을 듣고 안전과 보건상의 업무를 수행하여야 하며, 사업주는 관리감독자에게 그 직무를 수행할 수 있도록 권한과 시설, 장비, 예산 등 업무수행에 필요한 지원을 하도록 하고 있다.

관리감독자의 업무에 대하여는 대통령령으로 위임되어 있으며,
1) 관리감독자가 지휘 감독하는 작업과 관련된 기계와 기구 또는 설비의 안전, 보건 점검 및 이상 유무의 확인
2) 소속된 근로자의 작업복, 보호구 및 방호장치의 점검

과 그 착용·사용에 관한 교육 및 지도

3) 해당 작업에서 발생한 산업재해의 보고 및 이에 대한 응급조치

4) 해당 작업의 작업장 정리정돈 및 통로 확보에 대한 확인 감독

5) 안전·보건관리자 및 관계기관, 안전담당자의 지도와 조언에 대한 협조

6) 위험성평가를 위한 업무 중에서 유해 위험요인의 파악에 대한 참여와 개선조치의 시행에 대한 참여

7) 그 밖에 해당 작업의 안전 및 보건에 관한 사항으로써 고용노동부령으로 정하는 사항에 대하여 관리감독자가 이를 이행하여 안전사고를 예방하는데 중추적이고 적극적으로 참여하도록 하고 있다.

산업재해를 예방하기 위해서는 정부와 사업주 그리고 근로자가 안전 및 보건상의 조치의무를 이행해야 하는데, 근로자의 역할이 가장 중요하다고 할 수 있다.

노동관계법에서는 유일하게 산업안전보건법에서 근로자의 준수의무사항을 명시하고 있으며 이를 이행하지 않았을 때에는 근로자에게 과태료를 부과할 수 있도록 하고 있다.

근로자는 이 법과 이 법에 따른 명령으로 정하는 기준 등 산업재해 예방을 위한 기준을 지켜야 하며, 사업주 또는 근로기준법 제101조에 따른 근로감독관, 공단 등 관계인이 실시하는 산업재해 예방에 관한 조치에 따라야 한다.
　　- 산업안전보건법 제6조(근로자의 의무)

　　근로자는 제38조(안전조치) 및 제39조(보건조치)에 따라 사업주가 한 조치로써 고용노동부령으로 정하는 조치사항을 지켜야 한다.
　　- 산업안전보건법 제40조(근로자의 안전조치 및 보건조치 준수)

　　사업주는 근로자에게 작업특성에 적합한 보호구를 지급하도록 안전보건기준에 관한 규칙에 명시되어 있고 "사업주로부터 보호구를 받거나 착용지시를 받은 근로자는 그 보호구를 착용하여야 한다."고 명시되어 있다.
　　근로자의 준수사항 중에는 '방호조치 해체 등에 필요한 조치를 노동부령으로 명시하고 있으며 이를 준수하여야 한다.'라고 되어있다.

1) 방호조치를 해체하려는 경우: 사업주의 허가를 받아 해체할 것
2) 방호조치 해체 사유가 소멸된 경우: 방호조치를 지체 없이 원상으로 회복시킬 것
3) 방호조치의 기능이 상실된 것을 발견한 경우: 지체 없이 사업주에게 신고할 것

'사업주는 근로자가 방호조치의 기능이 상실된 것을 신고하였을 때에는 즉시 수리, 보수 및 작업 중지 등 적절한 조치를 해야 한다.'라고 되어있어 그 책임 한계를 명확히 하고 있다.

산업안전보건법이 개정되었다고 산업재해가 저절로 줄어드는 것은 아니다. 개정된 법률이 사업장에서 취지대로 작동하려면 감독행정의 합리화와 전문화 방안도 고민되어야 할 것이다. 산업안전보건법뿐만 아니라 중대재해처벌법 시행으로 인하여 강력한 규제가 있을 것이기 때문에, 부득이하게 재해가 발생하거나 감독하게 될 경우에는 대응전략을 체계적으로 작성하고 기록을 유지하는 것이 매우 중요하다.

5. 중대재해처벌법 제정

중대재해처벌법이란, 기업에서 사망사고 등 중대재해가 발생했을 때 사업주에 대한 형사처벌을 강화하는 내용의 법안으로, 2022년 1월 27일 50인 이상 사업장부터 적용되었다. 기업에게는 산업재해 발생으로 인한 심각한 사업 손실을 가져올 수도 있기 때문에 컴플라이언스Compliance 프로그램을 구축하는 등 철저한 대비가 필요할 것이다.

1) 안전보건관리체계 구축

　그동안 안전사고의 책임을 서로 전가시키는 일이 많았기 때문에 중대재해가 감소하지 않았다고 해도 과언이 아닐 것이다. 이에 대한 책임소재를 명확히 하고 안전사고를 예방하기 위해 중대재해처벌 등에 관한 법률이 제정되어 시행되기에 이르렀다. 이른바 '중대재해처벌법'은 사업 또는 사업장, 공중이용시설 및 공중교통수단을 운영하거나 인체에 해로운 원료나 제조물을 취급하면서 안전·보건 조치의무를 위반하여 인명피해를 발생하게 한 사업주, 경영책임자, 공무원 및 법인의 처벌 등을 규정함으로써 중대재해를 예방하고 시민과 종사자의 생명과 신체를 보호함을 목적으로 한다. 사업주 또는 경영책임자가 안전보건조치의무를 이행하지 않아 발생하는 산업재해에 대해 처벌을 대폭 강화한 것이다. 또한 이 법에서는 일하는 사람의 안전과 건강을 보호하기 위해 기업 스스로 위험요인을 파악하여 제거 또는 대체하거나 통제방안을 마련하고 이행하여 불안전한 요인을 지속적으로 개선하기 위한 안전보건관리체계를 구축하도록 하고 있다.

'인간은 실수할 수 있고 기계는 고장 난다.'는 명제에 입각하여 개인의 노력과 의지만으로는 산업재해를 예방할 수 없기 때문에 안전보건관리체계를 구축하여 각자 맡은 바 직무에 충실해야 한다.

사람의 생명과 건강은 무엇보다 소중하기 때문에 이를 보호하는 것은 경영자의 기본적인 의무이다. 따라서 근로계약 등에 안전보건에 관한 특별한 내용이 없더라도 사용자에게는 근로자의 생명과 신체를 포함한 건강을 보호할 안전배려 의무가 있다.

안전보건관리는 기업의 사회적 책임이고, 경쟁력 제고의 첫걸음이며, 최근에 이슈화되고 있는 ESG 경영의 기본이라고 할 수 있다.

기업의 비재무적인 요소인 환경Environmental, 사회Social, 지배구조Governance 이 세 가지에서 한국거래소에서는 사회(S)분야에 산업재해를 명시하고, 업무상 사망이나 부상 질병건수와 조치내용을 명시하도록 권고하고 있다.

이제 안전은 비용이 아닌 투자이며, 경영의 일부가 되었다. 산업재해가 발생하면 심각한 작업차질과 함께 품질저하, 생산성저하, 기업이미지가 부정적으로 변하는 등 기업의 생존과 직결될 수 있다.

「중대재해처벌법」 제정에 따라 사업주 또는 경영책임자는 안전·보건관리체계를 구축하고 이행하여야 하며, 안전보건관리체계를 제대로 구축하지 않거나 안전·보건상의 조치 의무를 이행하지 않아 중대한 산업재해에 이르게 한 경우에는 "1년 이상의 징역 또는 10억 원 이하의 벌금"에 처하도록 하고 있다.

따라서 "재해예방에 필요한 인력 및 예산 등 안전보건관리체계의 구축 및 그 이행에 관한 조치"의 중요성이 매우 높아졌다.

과거에는 안전보건 감독을 받거나 산업재해가 발생하고 나서야 문제를 해결하는 등 '소 잃고 외양간 고친다.'는 식의 관행으로 산업재해예방 목적이 아닌 형벌이나 과태료를 피하기 위해 안전보건 활동을 형식적으로 하는 경우가 많았다.

하지만 현재 산업재해로 인한 기업의 피해와 손실은 과거와는 비교할 수 없을 정도로 증가하였으며 이로 인해 기업의 생존이 위협받을 수 있는 수준이기 때문에 임기응변식이 아닌 적극적인 예방활동이 필요하다.

법령에서 정한 기준을 넘어, 기업별 작업환경과 재정적·기술적인 작업특성에 적합한 안전보건관리체계를 구축하는 것이 바람직할 것이다.

안전보건관리체계 구축은 기업에 따라 보유한 기계·기구 및 공정과 작업방법 등이 모두 다르므로 기업 여건에 적합하게 구축하여야 한다.

기술적 역량이 부족하고 재정적 여건이 어려운 기업은 기초적인 안전보건 조치부터 단계적으로 시작하고 공정이 복잡하고 위험요인이 많은 기업은 공식적이고 구체적인 안전보건관리체계를 구축하면 된다.

2) 안전보건관리체계 구축을 위한 핵심요소

첫째, 효과적인 안전보건관리체계를 구축하고 이행하기 위해서는 경영자가 확고한 '리더십'으로 안전에 대한 비전을 제시하고 인력·시설·장비 등 자원을 제공해야 한다. 안전보건에 대한 사업주의 의지를 표명하고 목표를 설정하며 안전보건에 필요한 자원(인력·시설·장비)을 배정하여 구성원의 권한과 책임을 정하고 참여를 독려하여야 한다.

둘째, 성공적인 안전보건관리체계를 구축하고 이행하기 위해서는 잠재된 위험에 대해 가장 잘 알고 있는 '현장 작업자의 참여'가 반드시 필요하다.

안전보건관리 전반에 관한 정보를 공개하여 모든 구성원이 참여할 수 있는 절차를 마련하며 자유롭게 의견을 제시할 수 있는 조직문화를 조성하여야 한다.

셋째, 산업재해예방은 '위험요인 파악'에서 시작하며 위험요인과 위험의 정도를 제대로 알고만 있어도, 경각심을 가지고 작업할 수 있다.

이를 위해 위험요인에 따른 정보를 수집하고 정리하고 산업재해 및 아차사고를 조사하며 위험기계·기구·설비와 유해인자를 파악하고 위험장소 및 작업형태별 위험요인을 파악하여야 한다.

넷째, 위험요인을 제거 또는 대체하거나 통제할 수 있는 방안을 마련하여야 하며 앞에서도 언급했듯이 '사람은 실수하고 기계는 고장날 수 있다는 점'에 특히 유의해야 한다. 위험요인별 위험성평가를 실시하여 제거 또는 대체 및 통제방안을 강구하는 등 종합적인 대책을 수립하고 이에 대한 교육훈련을 실시하여야 한다.

다섯째, 중대재해발생에 대처할 수 있는 '비상조치계획을 수립'하고 준비함으로써 피해를 최소화하도록 하여야 한다. 위험요인을 바탕으로 '시나리오'를 작성하여 '재해발생 시나리오'별 조치계획을 수립하고 조치계획에 따라 주기적으로 훈련을 실시하여야 한다.

여섯째, 안전보건관리체계는 소속 근로자뿐만 아니라, '도급·용역·위탁 시 안전보건 확보'를 위해 사업장 내 모든 구성원을 대상으로 구축하고 이행하여야 한다.

사업장 내 모든 구성원이 보호받을 수 있도록 하기 위해 도급·용역 업체선정 시 산업재해 예방 능력을 갖춘 사업주를 선정하여야 한다.

일곱 번째, 안전보건관리체계 이행 상황을 정기적으로 평가하고 문제점을 파악·개선하여 안전보건관리체계를 지속적으로 개선해야 한다.

안전보건 목표를 설정하고 관리하며 '안전보건관리체계'가 제대로 운영되는지 점검하고 발굴된 문제점을 주기적으로 개선하여야 한다.

3) 컴플라이언스의 필요성

컴플라이언스란 '조직 구성원 모두가 제반 법규를 철저하게 준수하도록 사전에 그리고 상시적으로 통제, 감독하는 체제'를 말한다. 개정된 산업안전보건법에서 안전관리 규제의 책임범위가 확대되고 처벌이 강화되었음에도, 추가적으로 중대재해처벌법이 제정되면서 형사처벌 대상과 안전보건조치 대상 범위가 확대되고 처벌이 더욱 강화된 것이다.

강화된 정부의 규제에 대해 크게 세 가지 대응방안이 필요하다.
첫째, 사고예방을 위해서 체계적인 안전관리 시스템을 수립하고 선제적이고 적극적인 안전보건 활동을 하여야 한다.

둘째, 이러한 활동을 기록하고 문서화하여 법적 의무를 준수하도록 근거를 마련하여 법적인 처벌 리스크를 최소화하여야 한다.

셋째, 사고 발생 시에 적절한 대응을 통하여 기업에 미치는 영향을 최소화하여야 한다.

종합적인 컴플라이언스 체계를 구축하기 위해서는 사업장 내 유해 위험요인을 관리하고 교육체계를 확립하며 안전관리규정과 안전보건관리 조직을 전면적으로 재정비하는 등 체계적으로 대응해야 한다.

4) 안전보건조치의무

사업주와 경영책임자 등의 안전보건 확보의무에 대해 '중대재해처벌법' 제4조 제1항 제1호에서 '재해예방에 필요한 인력 및 예산 등 안전보건관리체계의 구축 및 그 이행에 관한 조치'와 관련하여 산업안전보건법 제14조에서는 500인 이상의 사업장 대표이사는 매년 다음과 같은 사항을 포함한 회사의 안전 및 보건에 관한 계획을 수립하여 이사회에 보고하고 승인을 받아야 하며 안전보건에 관한 계획을 성실히 이행하도록 하고 있다.

㉠ 안전 및 보건에 관한 경영방침

ⓒ 안전보건관리 조직의 구성, 인원 및 역할
ⓒ 안전보건 관련 예산 및 시설 현황
㉣ 안전 및 보건에 관한 전년도 활동실적 및 다음 연도 활동계획

중대재해처벌법 제4조 제1항 제2호에서는 '재해발생 시 재발방지 대책의 수립 및 그 이행에 관한 조치'를 하도록 하고 있고 제1항 제4호에서는 '안전·보건 관계 법령에 따른 의무이행에 필요한 관리상의 조치'를 하도록 하고 있으며, 이는 산업안전보건법 제15조에서 정하고 있는 내용과 유사한 것을 알 수 있다. 따라서 산업안전보건법상 안전보건조치에 대해 철저히 이행하여 안전사고를 예방하는 것이 중대재해처벌법에 대한 대처방안이 될 것이다.

5) 수행방안(안전 · 보건영역)

① 안전관리체제 : 조직, 규정
  - 안전보건관리 책임자
  - 안전 · 보건관리자
  - 안전보건관계자 선임 및 직무이행 여부
  - 산업안전보건위원회 구성 및 운영에 관한 사항
  - 안전보건관리규정 작성 및 준수 여부
② 산업재해 발생 관련 의무
  - 산업재해 발생 보고 여부
  - 산업재해의 기록 여부
  - 재발방지 대책 수립

③ 안전보건교육
- 관리감독자에 대한 안전보건교육 실시 현황
- 근로자 안전보건교육 실시 여부
- 채용 시, 정기, 작업내용 변경 시, 특별안전교육 실시 여부
- 안전관계자 법정 직무교육이수 현황

④ 위험관리 및 위험성평가
- 위험기계 기구에 대한 방호조치
- 위험기계 기구에 대한 안전검사
- 유해 위험요인 관련 위험성 평가 실시 및 적정성 평가 여부

⑤ 근로자의 보건관리와 건강진단, 물질안전보건 자료
- 근로자 건강진단 실시와 그에 대한 사후관리 여부
- 작업환경측정 실시 및 사후조치 상황
- 물질안전보건자료 작성, 게시, 비치, 경고표시 부착 및 교육
- 유해물질 관리 실태

⑥ 안전보건상의 조치
- 작업장 등의 안전기준 비치
- 추락위험 방지조치

- 기계 기구 기타 설비위험 예방조치
- 폭발 화재 및 위험물 누출 위험방지
- 전기에 의한 위험방지조치

이상과 같은 6개의 수행방안을 분야별로 이행하고, 이에 대한 대책을 수립하여 시행하는 것이 바람직할 것이다.

옛말에 "열 명의 포졸이 한 명의 도둑을 못 잡는다."라는 말이 있듯이 안전관리부서의 전문 인력과 많은 직원이 안전보건관리 체계를 구축하고 운영하여도 관리감독자와 근로자가 스스로 본인의 안전사고예방을 위해 안전시설을 사용하지 않고, 안전보호구 착용을 기피하거나, 안전수칙을 준수하지 않으면 안전사고를 예방할 수 없는 것이다.

정부에서는 안전기술개발과 안전사고 예방계획을 수립하여 이를 시행하고, 사업주는 사업주로서 하여야 할 의무를 이행하며, 안전·보건관리자는 사업장 실정에 적합하게 안전기술을 개발하여 관리감독자와 근로자에게 지원하고, 관리감독자와 근로자는 본연의 업무에 충실하여야 한다.

따라서 안전보건관리규정을 형식적으로 작성하여 비치하는 것이 아니라 각자 직책에 적합한 안전업무에 대한 책임소재를 명확하게 하고 안전작업절차를 세밀하게 작성하여 철저히 준수하도록 하여야 할 것이다.

책을 마무리하며

　인생의 대부분을 '안전'이라는 두 글자를 마음속에 품고 살아왔다. 사람들이 여전히 가지고 있는 부족한 안전의식과 잘못된 방식의 안전교육을 바라보며 늘 이러한 문제들을 개선시킬 수 있는 나만의 책 쓰기를 꿈꿔왔다. 여러 곳에 강의를 하고 실제로 현장에서 안전진단을 하면서 마음속으로 끝없이 반복해 오던 문장들을 이 책 한 권에 모두 담았다. 우리는 이미 서로 다른 분야의 연결을 통해 새로운 가치를 창출해내는 융복합의 시대를 살고 있다. 그래서 나의 삶에서 축적되어온 경험과 그동안 읽고 체험하였던 고전의 의미들이 안전과 결합하면서 독자들에게는 어쩌면 조금 생소하게 느껴졌을, 그래서 더욱 재미있게 읽어나갔으리라 자신하는 '고전 속의 안전'을 만들어냈다. 신나게 써 내려가다가도 어느 순간 턱 막히기도 했고 누수된 배관처럼 일부 단어와 문장들이 머릿속에서 유실되어 떠오르지 않기도 했다. 그 순간마다 내 책을 읽어줄 미래의 독자들을 생각하며 다시금 힘을 내기도 했다. 책을 쓰는 과정은 여러모로 지지부진하면서도 고되었지만 내 삶에서 가장 흥미로운 경험이었고 설레는 작업이었다.

책을 쓰는 동안에도 여전히 뉴스와 신문에서 보도되는 크고 작은 안전사고들을 접하며 마음이 무거워지는 것은 어쩔 수 없었다. 이 책에서 보는 바와 같이 안전한 직장을 만들기 위해서는 본인의 업무에 충실하여야 하며, 사고의 원인을 파악해보면 늘 비슷한 곳에서 발생하고 있다는 것을 알 수 있다. 제나라 시대에 관중은 정책을 세울 때 백성이 원하는 것을 두루 살펴야 한다고 하면서 모든 백성은 뜻하지 않은 재난을 원치 않는다고 하였다.

'위기관리'라는 말을 자주 듣는다. 경영활동에 수반되는 여러 가지 위기를 최소한으로 줄이는 체계적인 조치다. 구체적으로 각종 위기를 찾아내어 그 내용을 분석, 평가하여 위기에 대처하는 방법을 검토하고 실행하는 과정을 말한다.
『중국 3천년의 인간력』「삼사충고」에서 위기에 대처하는 방법을 보면 위기관리의 목적은 언제 발생할지 모르는 위기에 적절하게 대처하고 기업의 생존을 도모하는 일이다.
"사람들은 집이 불타 없어진 후에 화근이 된 장작을 없애려고 하고 배가 뒤집힌 후에 구명도구를 찾는다. 병이 깊어진 후에 치료하려고 하면 때를 놓쳐 안간힘을 써도 소용없다. 튼튼하게 쌓아올린 방죽에 작은 구멍이 생기면 언뜻 보기에 문제가 없을 것 같지만 주도면밀한 사람은 방죽이 무너질 것을 우려하여 즉시 구멍을 막는다. 어떤 일이든지 간에 만일의 경우를 대비하여 일이 커지기 전에 방지하면 나중에 크게 걱정할 일이 없다."

개미구멍과 방죽에 얽힌 일화는 『한비자』에 나온 이야기로 작은 실수로 큰 손해를 초래했을 때 자주 사용된다.

(모리야 히로시 지음, 박화 옮김, 『중국 3천 년의 인간력』, 청년정신, 2004.)

오래전 고전 속에서도 발견되고 강조되는 안전의식이 지금 현재에서도 똑같이 적용 가능하다는 사실은, 여러모로 생각해 봐야 할 것이다. 그래서 "나도 안전을 모른다"라고 하는 나의 고백은 사실, 많은 사람들에게 보내는 당부와 같은 것이었다.

'근로자 1,000명을 고용하는 사업장에서 근로자 한 명이 사망하면 사업주 입장에서 본다면 1,000분의 1을 잃은 것이지만 그 가정은 모든 것을 잃은 것이다.'라는 생각을 갖고 사업주나 관리자 그리고 근로자 본인이 불안전한 요인을 찾아서 개선하는 등 우리 모두가 안전을 생활화하여야 할 것이다.

이 책을 탈고하기까지 도움을 주신 분들이 많다. 모두 일일이 감사의 뜻을 전하고 싶지만 그러지 못해 죄송할 따름이다. 원고를 감수해달라는 부탁을 흔쾌하게 들어주신 이영순 교수님과 이창호 교수님, 황해석 본부장님, 신갑식 대표님, 전인준 실장님, 김현출 그룹장님, 오영록 총괄 본부장님, 고인환 본부장님, 장시열 팀장님, 이병하 팀장님, 이창덕 팀장님, 김재원 팀장님, 김규한 차장님, 김호겸 과장님에게 깊이 감사드리며 뜻밖에도 단어와 문장 하나하나까지 교정해주신 이창호 교수님, 송민영 단장님, 정준호 사무관님, 김승구 차장님에게 다시 한 번 감사의 말씀을 드린다.

존경하는 서예가 박영진 전 경기대학교 이사장님께서 호시우보(갑골문), 거안사위(금문), 곡돌사신(예서), 우생마사(행서)로 본문에 있는 작품을 써주셔서 책의 의미를 더할 수 있었다.

대한산업안전협회에서 36년 동안 근무하면서 산업재해예방을 위해 함께 노력하여주신 임직원 여러분과 안전관계자 여러분의 노고에 깊이 감사드린다.

이 책을 읽은 독자 여러분들은 '안전'과 '고전', 그리고 '경영'이라는 세 단어와 함께 "나도 안전을 모른다"를 항상 생각하면서 우리나라가 안전한 나라가 될 수 있도록 솔선수범할 것이라고 믿는다.

• 참 고
  문 헌

제1장 / 경영과 사람

1. 박찬철 · 공원국 지음, 『인물지』, 위즈덤하우스, 2009.
2. 박찬철 · 공원국, 2009.
3. 박찬철 · 공원국, 2009.
4. 박찬철 · 공원국, 2009.
5. 관중 지음, 김필수 외 옮김, 『관자』, 소나무, 2015. / 모리야 히로시 지음, 박화 옮김, 『중국 3천 년의 인간력』, 청년정신, 2004.
6. 사마천 지음, 김원중 옮김, 『사기열전』, 민음사, 2009.
7. 박찬철 · 공원국, 2009.
8. 박기종, 〈매일경제(https://www.mk.co.kr/news/culture/view/2017/01/7805/)〉, 2017.1.4./〈wjyang.egloos.com(바람따라:간신의 역사–역아 수조 개방(17.01, 매경)〉〉

제2장 / 안전의 3요소

1. 신연우 · 신영란, 『제왕들의 책사: 조선시대 편』, 생각하는 백성, 2001.
2. 신연우 · 신영란, 2001.
3. 신동준, 『후흑학』, 위즈덤하우스, 2019.
4. 고영규, 『PD 고전을 탐하다』, 경향BP, 2012.

제3장 / 관리자의 역할

1. 한비자 지음, 김원중 옮김, 『한비자』, 휴머니스트, 2019./고사성어 168. 노마지지- 늙은 말의 지혜(한문학의 숲을 거닐다, 2020.12.03.).
2. 〈blog.naver.com＞ja394600(편작의 겸손과 아빠의 침묵)〉, 2021.12.26.
3. 고영규, 2012./ 사마천 지음, 김원중 옮김, 2020.
4. 〈blog.naver.com/really60/222180156640(휴브리스의 덫 2탄 파나마 운하 건설에 실패한 레셉스)〉. 2020.12.20.
5. 모리야 히로시 지음, 박화 옮김, 2004.
6. 전옥표, 『이기는 습관』, 쌤앤파커스, 2007. / 한비자 지음, 김원중 옮김 (2016).
7. 〈blog.naver.com＞mgblsori(『좋은글』(인생) H그룹 회장 비서실장을 지낸 사람의 조언)〉, 2020.11.21.
8. 〈blog.naver.com＞mgblsori(『좋은글』(인생) H그룹 회장 비서실장을 지낸 사람의 조언)〉, 2020.11.21.
9. 오긍 지음, 김영문 옮김, 『정관정요』, 글항아리, 2019.
10. 고영규, 2012.
11. 양병무, 『행복한 논어 읽기』, 21세기북스, 2009.
12. 양병무, 2009.
13. 〈kor.theasian.asia＞archives(훌륭한 지도자 되기 위한 5가지 미덕과 네 가지 악덕)〉, 2015.08.21.
14. 전옥표(2007).
15. 〈m.post.naver.com＞viewer([기자수첩] 강을 건넌 7군단과 "의지 없는 용사들")〉, 2019.08.11.

16. 〈www.seniormaeil.com〉news〉, 2020.05.04.
17. 강상구, 『그때 장자를 만났다』, 흐름출판, 2014.
18. 강상구, 2014.
19. 강상구, 2014.
20. 〈blog.naver.com〉goldstar4733(재미있는 옛날이야기-토정 이지함 선생 일화)〉, 2021.01.26.

제4장 / 안전한 일터 만들기

1. 강상구, 2014.
2. 전옥표, 2007 / 〈MBC 신비한 TV 서프라이즈 602회 줄리아니 시장의 안전도시〉.
3. 신병주, 『참모로 산다는 것』, 매경출판, 2019.
4. 신동준, 2011.
5. 신병주, 2019.
6. 〈blog.naver.com〉7629yoon(샌프란시스코 상징 골든 게이트 브리지 (금문교))〉, 2021.07.22.
7. 〈blog.naver.com〉koshablog(그때 그 사고 피할 수 없었나? 성수대교 붕괴 사고)〉, 2012.10.24.
8. 〈blog.naver.com〉kiyoun24(근원적인 해결 방법:방향(출9:1-35))〉, 2015.06.22.
9. 〈www.facebook.com〉permalink(댓글-홈 | Facebook)〉, 2016.06.06.
10. 전옥표, 2007.

11. 박찬동, 『고개를 숙이면 부딪치는 법이 없습니다』, 한올, 2019.
12. 〈www.mediup.co.kr〉board(우생마사 힐링스토리)〉, 2015.07.25./
    〈헤드라인제주(www.headlinejeju.co.kr)〉, 2020.12.15.
13. 〈blog.naver.com＞idream2030(간디와 사탕)〉, 2013.12.15.
14. 모리야 히로시 지음, 박화 옮김, 2004.
15. 〈blog.naver.com＞kgb23467(삶을 변화시키는 3초의 비밀)〉, 2018.11.20.
16. 〈blog.naver.com＞silky6214(강태공과 복수불반)〉, 2021.01.31.
17. 〈blog.naver.com＞clearchem(긍정적인 유인과 부정적 유인)〉, 2021.02.13.
18. 양병무, 2009.
19. 오긍 지음, 김영문 옮김, 2017.
20. 〈www.goyang.go.kr＞haengju〉, 2018.11.22. (행주대첩 관련콘텐츠 관리부서 : 관광과 행주산성관리팀 031-8075-4642)
21. 〈namu.wiki/w/새마을운동〉

나도 안전을 모른다

2022년 3월 1일 초판1쇄 발행
2024년 10월 31일 초판3쇄 발행

지 은 이 / 채수현
책임편집 / 김윤주
디 자 인 / 이아임디자인
발 행 인 / 김영환
발 행 처 / 도서출판 다운샘

05661 서울특별시 송파구 중대로27길 1(오금동)
전화 / (02)449-9172   팩스 / (02)431-4151
E-mail / dusbook@naver.com
등록 / 제1993-000028호

ISBN 978-89-5817-505-6 93530

정가 20,000원

ⓒ 2022, 채수현